Christian Wissner

Beiträge zum Fail Safe Design

Beiträge zum Fail Safe Design

von
Christian Wissner

Dissertation, Karlsruher Institut für Technologie
Fakultät für Maschinenbau
Tag der mündlichen Prüfung: 02.03.2010
Hauptreferent: Prof. Dr. Claus Mattheck
Korreferent: Prof. Dr. Oliver Kraft

Impressum

Karlsruher Institut für Technologie (KIT)
KIT Scientific Publishing
Straße am Forum 2
D-76131 Karlsruhe
www.uvka.de

KIT – Universität des Landes Baden-Württemberg und nationales
Forschungszentrum in der Helmholtz-Gemeinschaft

KIT Scientific Publishing 2010
Print on Demand

ISBN 978-3-86644-520-8

Beiträge zum Fail Safe Design

Risse sind in vielen technischen Bereichen als Vorboten oft katastrophalen Versagens gefürchtet. In der Natur wird solchen Versagensmechanismen durch Werkstoff- und Gestaltoptimierung entgegen gewirkt. Bäume und Knochen sind in der Lage vorhandene Risse wieder auszuheilen. In der Technik bedeutet dies aufwendige Kontroll- und Wartungsarbeiten, bis hin zum Austausch des rissbehafteten Bauteils. Vorteilhafter ist es jedoch von vornherein eine Rissbildung, z. B. durch Kerbformoptimierung, zu vermeiden.

In dieser Arbeit wird eine weitere Möglichkeit vorgestellt, Risse zu vermeiden. Inspiriert von zahlreichen Muschelarten, die auftretende Risse durch ihre radialen Verdickungsrippen stoppen können, wurde die Idee der Riss-Stopper in die Technik übertragen. Das Risiko einer Rissbildung wird durch längs zur Belastungsrichtung angebrachte Wülste vermindert. Die Finesse hierbei ist, wirksame Riss-Stopper so zu gestalten, dass dabei keine neue Schwachstellen entstehen. Eine Variante dieser Riss-Stopper hält Ermüdungsrisse erst nach Erreichen einer Mindestlänge, die z. B. für eine sichere Detektion nötig ist, auf.

Bestehende Risse werden durch eine gezielte Umlenkung gestoppt. Dazu werden mit der Methode der Zugdreiecke optimierte Querschlitze eingebracht. Vergleichende Analysen mit der herkömmlichen Methode, dem Wegbohren der Rissspitze, zeigen rechnerisch und experimentell einen deutlichen Vorteil.

Contributions to Fail Safe Design

In many technical areas, cracks are feared as precursors of an often catastrophic failure. In nature, such failure mechanisms are counteracted by material and design optimization. Trees and bones are capable of healing existing cracks. In engineering, extensive control and maintenance work is required. Sometimes, cracked components have to be replaced. However, it is much more advantageous to prevent crack formation in advance, e. g. by notch shape optimization.

The present article will report about another possibility of preventing cracks. Inspired by numerous shell species that are able to stop cracks by radial thicker ribs, the idea of crack stoppers has been transferred to engineering. The risk of crack formation is reduced by beads along the direction of loading. The trick is to design effective crack stoppers such that no new weak points develop. A certain type of these crack stoppers stops fatigue-induced cracks only after they have reached a minimum length that is required for reliable detection, for instance.

Existing cracks are stopped by specific deflection. For this, optimized transverse slits are applied using the method of tensile triangles. Comparison with the conventional method of removing the crack tip by drilling reveals a clear advantage in both calculation and experiment.

Inhaltsverzeichnis

1 Einleitung   **1**

2 Grundlagen   **5**
2.1 Grundl. der Elastizitätstheorie, Festigkeitslehre und Bruchmechanik . . .   5
2.2 Biologische Strukturen   18
2.3 Optimierung   20
    2.3.1 Formoptimierung   21
2.4 Fail Safe Design   22
2.5 Ziel der Arbeit   24

3 Methoden   **25**
3.1 Denkwerkzeug Schubviereck   25
3.2 Methode der Zugdreiecke   27
    3.2.1 Einachsige Zugdreiecke   27
    3.2.2 Zweiachsige Zugdreiecke   29
    3.2.3 Circumferentielle Zugdreiecke   30
    3.2.4 Leichtbau mit der Methode der Zugdreiecke . . .   31
    3.2.5 Zusammenfassung Methode der Zugdreiecke . . .   31
3.3 „Rapid-Prototyping" mit Polystyrol   33
    3.3.1 Vorgehensweise   33

4 Fail Safe Design am Beispiel der Muschel   **35**
4.1 Mechanische Beanspruchung der Muschelschalen   38
4.2 Gestalt von Muschelschalen   40
4.3 Risse in Muscheln   42

5 Riss-Stopper   **45**
5.1 Finite Elemente Rechnungen   51

Inhaltsverzeichnis

     5.1.1   Einfluss der Wulstlänge auf die Spannungsüberhöhung 53
     5.1.2   Einfluss der Querschnittsform auf die Spannungsreduktion 55
     5.1.3   Spannungsreduktion bei Ringwülsten 57
  5.2 Versuchverifikation 58
     5.2.1   Vergleichende Betrachtungen 59
  5.3 Grenzen der Riss-Stopp-Wülste 62
  5.4 Riss-Warner 64

6 Riss-Umlenkung   **67**
  6.1 Allg. Finite-Elemente Untersuchung des Zugdreieck-Schlitzes 70
  6.2 Vergl. Betrachtung von Schlitz, Bohrung und Zugdreiecksschlitz 73
  6.3 Einfluss der Konturgröße 75
     6.3.1   Verifikation der FE-Analyse mittels Zugversuchen an Styrodurproben 79
     6.3.2   Schwingversuche an Stahlproben 82
  6.4 Querzug 84
  6.5 Anwendung in der Praxis 88

7 Zusammenfassung   **93**

A Anhang   **97**

1 Einleitung

In der Natur herrscht ein immerwährender Wettbewerb. Nicht nur das klassische „Fressen und Gefressen werden" ist damit gemeint, sondern auch der evolutionäre Druck, die zur Verfügung stehenden Ressourcen möglichst geschickt und sparsam einzusetzen. Durch effizienten Einsatz der Ressourcen sollen gegenüber Konkurrenten Vorteile erzielt werden, jedoch ohne das Risiko einzugehen, den Fortbestand der eigenen Spezies zu gefährden.

Selbst Teil dieses Wettbewerbs erfährt der Mensch, dass die Ressourcen auf dem Planeten Erde endlich sind und ihr schonender, nachhaltiger Gebrauch eine gesellschaftliche Verpflichtung und eine Verpflichtung den kommenden Generationen gegenüber ist. Das Überleben in der Natur erlaubt keine „Wegwerf-Gesellschaft", die ihre Ressourcen sinnlos vergeudet. Daher sind gerade im rohstoff- und energiehungrigen Bereich der Technik besondere Anstrengungen nötig, um langlebigere, effizientere und dadurch nachhaltigere Produkte und Lösungen zu finden und umzusetzen.

Die am Forschungszentrum Karlsruhe entwickelten Methoden zur Bauteiloptimierung verfolgen dieses Ziel. Von der Natur inspiriert, ist es mit ihnen möglich, die mechanischen Eigenschaften technischer Bauteile zu verbessern, indem, wie beim Baum, Schwachstellen gezielt verstärkt werden. Andererseits lehrt der Knochen wie Strukturen gleichsam steif, fest und dennoch leicht sein können, indem unnötiger Materialeinsatz vermieden wird.

Eine Fortentwicklung im Bereich der Bauteiloptimierung ist die Methode der Zugdreiecke, die es erlaubt, rein graphisch Lösungen zu finden, für die noch einige Jahre zuvor Großrechner benötigt wurden. Bei dieser

Methode ist neben Zirkel und Lineal vor allem ein umfassendes mechanisches Grundverständnis nötig, da eine Optimierung stets auch eine Spezialisierung bedeutet. Weicht der Betriebszustand von den vorausgesetzten Bedingungen ab, so kann dies unerwünschte, teils katastrophale Auswirkungen nach sich ziehen.

Unberührt von einer möglichst gleichmäßigen Lastverteilung nach dem „Axiom der konstanten Spannung" [25] aber bleibt der Bereich der Dimensionierung, da auch eine mechanisch optimierte Struktur bei Beanspruchungen, die über ihrer Belastungsgrenze liegen, versagt.

In dieser Arbeit werden die wirkenden mechanischen Prinzipien beschrieben. Zur Verifikation wurden umfangreiche Rechnungen mit der Finite-Elemente-Methode und Versuche durchgeführt.

Aufbau der Arbeit

Nach den mechanischen Grundlagen, die vor allem grundlegende Kenntnisse vermitteln und eine gemeinsame mechanische Sprache definieren sollen, werden im folgenden Kapitel die verwendeten Methoden erläutert. Diese wurden hauptsächlich am Forschungszentrum Karlsruhe entwickelt und wurden aufgrund ihrer guten Resultate und ihrer Einfachheit gewählt.

Der erste Teil der Untersuchungen befasst sich mit der Gestalt von Muscheln und Meeresschnecken unter mechanischen Gesichtspunkten. Wie auch viele andere Bereiche der mechanisch geprägter Natur (belebt oder auch unbelebt), lassen sich viele Muschelschalen mit der Methode der Zugdreiecke beschreiben.

Inspiriert von einem Riss in einer Muschel, der an radialen Verdickungsrippen der Schale endete, wurde des Weiteren eine Methode entwickelt, die mit Wülsten eine Rissinitiierung bzw. -ausbreitung ver- / behindert. Dieses Verfahren wurde rechnerisch und experimentell eingehend untersucht.

Im abschließenden Kapitel wurde eine Lösung zur Rissumlenkung entwickelt, die an vorhandenen Rissen bzw. Schlitzen ein weiteres Risswachstum durch einen formoptimierten Querschlitz verhindert. Die numerisch bestimmten Spannungsreduktionen konnten experimentell u. a. im Schwingversuch bestätigt werden.

2 Grundlagen

2.1 Grundlagen der Elastizitätstheorie, Festigkeitslehre und Bruchmechanik

Bevor im Folgenden auf die Untersuchungen im Rahmen dieser Arbeit eingegangen wird, soll die zugrundeliegende Mechanik erläutert und eine einheitliche Schreibweise und Notation definiert werden. Die Kontinuumsmechanik lässt den mikroskopischen Aufbau der Materie größtenteils außer Acht und nähert den betrachteten Körper einem Kontinuum an, bei dem jedes infinitesimal kleine Volumenelement das Verhalten des gesamten Materials widerspiegelt. Selbst Anisotropien lassen sich so darstellen, wenn dem betrachteten Volumenelement die entsprechenden Eigenschaften zugeschrieben werden.

Kraft

Die Kraft ist eine fundamentale Größe in der Mechanik. Jedoch zeigt sich, dass Kräfte an sich nicht in Erscheinung treten, sondern nur deren Wirkungen, wie z. B. Verformung eines Körpers oder die Beschleunigung einer Masse. Kräfte haben vektoriellen Charakter, d. h. sie sind durch Betrag und Richtung eindeutig definiert. Das Superpositionsprinzip führt zusammen mit der Vektoralgebra dazu, dass für jede endliche Anzahl verschiedener Kräfte eine resultierende Kraft ermittelt werden kann, die dieselbe Wirkung zeigt. Wirken Kräfte so auf einen Körper ein, dass er sich in Ruhe, d. h. im statischen Gleichgewicht befindet, so ist die resultierende Kraft *null*, und es tritt keine Beschleunigung auf.

Die Größe *Kraft* wird nach SI–Richtlinien als abgeleitete Größe beschrieben und hat das Formelzeichen **F** (*engl. force*) und die Maßeinheit $[F] = kg \cdot \frac{m}{s^2} = N(Newton)$.

Spannung

Wird eine Kraft auf eine Fläche bezogen, so spricht man von einer Spannung. Der Kraftvektor $\vec{F}$ bezogen, auf das Flächenelement A, auf das sie wirkt, ergibt die Spannung $\vec{\sigma}$, die wegen $\vec{F}$ ebenfalls vektoriellen Charakter hat.

$$\vec{\sigma} = \lim_{\Delta A \to 0} \frac{\Delta \vec{F}}{\Delta A} = \frac{d\vec{F}}{dA} \tag{2.1}$$

Daher lassen sich auch Spannungen in Komponenten aufteilen (s. Abbildung 2.1), die zum einen normal, d. h. senkrecht zur betrachteten Fläche (Normalspannung σ_n, in Abbildung 2.1 rot dargestellt) und zum anderen in der Ebene der Fläche liegen (Schubspannung τ, grün). Diese Schubspannung läßt sich im kartesischen Koordinatensystem ebenfalls wieder in zwei Komponenten τ_x (blau) τ_y (gelb) entlang der Koordinatenachsen aufteilen.

Um den Spannungszustand eines beliebigen, infinitesimal kleinen Volumenelementes (s. Abbildung 2.2) in einem gegebenen kartesischem Koordinatensystem vollständig zu beschreiben, dient der Spannungstensor σ_{ij}:

$$\sigma_{ij} = \begin{pmatrix} \sigma_{xx} & \sigma_{xy} & \sigma_{xz} \\ \sigma_{yx} & \sigma_{yy} & \sigma_{yz} \\ \sigma_{zx} & \sigma_{zy} & \sigma_{zz} \end{pmatrix} \tag{2.2}$$

Die Indexierung folgt dem Schema σ_{ij} wobei i die Normale der Fläche und j die Richtung der Komponente angibt. Normalspannungen σ_{ij} mit $i = j$ werden gewöhnlicherweise zu σ_i verkürzt und für die Schubspannungen mit $i \neq j$ wird das Formelzeichen τ benutzt.

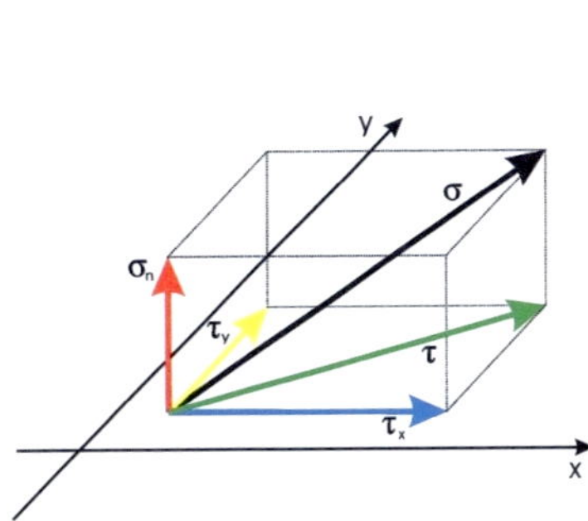

Abbildung 2.1: *Darstellung der Komponenten einer beliebigen Spannung im kartesischen Koordinatensystem*

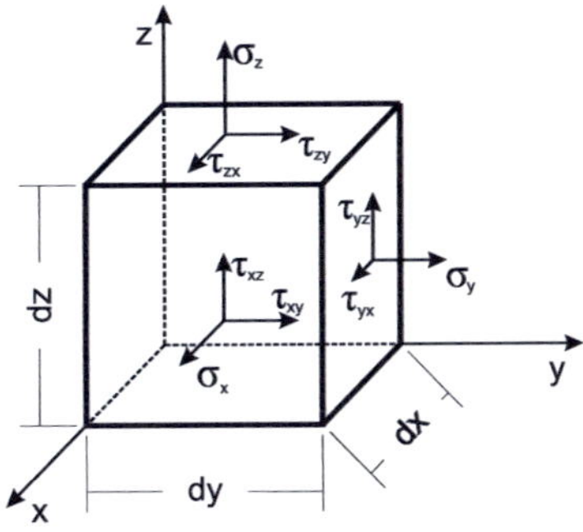

Abbildung 2.2: *Infinitesimal kleines Volumenelement mit den an den Schnittflächen angreifenden Spannungskomponenten*

Wegen des inneren Momentengleichgewichts muss des Weiteren gelten:

$$\tau_{xy} = \tau_{yx} \qquad \tau_{xz} = \tau_{zx} \qquad \tau_{yz} = \tau_{zy}$$

Für den allgemeinen, räumlichen Spannungszustand ergibt sich somit der Spannungstensor zu:

$$\sigma_{ij} = \begin{pmatrix} \sigma_x & \tau_{xy} & \tau_{xz} \\ \cdots & \sigma_y & \tau_{yz} \\ \cdots & \cdots & \sigma_z \end{pmatrix} \qquad (2.3)$$

Bei flachen, ebenen Geometrien, die nur in ihrer Ebene belastet werden, treten in der dritten Raumrichtung keine äußeren Kräfte auf. Es kann mit hinreichender Genauigkeit davon ausgegangen werden, dass somit die Spannungen in dieser Richtung *null* sind. Es herrscht ein *ebener Spannungszustand.*

σ_{ij} vereinfacht sich somit zu einer 2×2 Matrix:

$$\sigma_{ij} = \begin{pmatrix} \sigma_x & \tau_{xy} \\ \cdots & \sigma_y \end{pmatrix} \qquad (2.4)$$

Die Werte des Spannungstensors sind vom jeweiligen Koordinatensystem, also dem Betrachtungswinkel, abhängig. Durch Koordinatentransformation lässt sich eine Orientierung finden, in der die Normalspannungen maximal werden und die Schubspannungen verschwinden. Diese Spannungen werden *Hauptspannungen* genannt und mit σ_1 bis σ_3 bezeichnet, wobei gilt: $\sigma_1 > \sigma_2 > \sigma_3$. Es ergibt sich somit für den räumlichen und den ebenen Spannungszustand der Spannungstensor σ_{ij} zu:

$$\sigma_{ij} = \begin{pmatrix} \sigma_1 & 0 & 0 \\ 0 & \sigma_2 & 0 \\ 0 & 0 & \sigma_3 \end{pmatrix} \quad \text{bzw.} \quad \sigma_{ij} = \begin{pmatrix} \sigma_1 & 0 \\ 0 & \sigma_2 \end{pmatrix} \tag{2.5}$$

Für den ebenen Spannungszustand lassen sich die beiden Hauptspannungen folgendermaßen berechnen:

$$\sigma_{1/2} = \frac{\sigma_x + \sigma_y}{2} \pm \sqrt{\left(\frac{\sigma_x - \sigma_y}{2}\right)^2 + \tau_{xy}{}^2} \tag{2.6}$$

Die Richtungen der Hauptspannungen werden oft auch Kraftfluss genannt, mit dessen Hilfe man verdeutlichen kann, in welcher Weise Kräfte und Momente ein Bauteil beanspruchen. So *fließt* die Kraft von der Lasteinleitungsstelle bis hin zur Lagerung des Bauteils. Prinzipielle Ansprüche an eine kraftflussgerechte Konstruktion, wie z. B. die Vermeidung schroffer Querschnittsänderungen, lassen sich mit dieser Betrachtungsweise relativ leicht und intuitiv verdeutlichen, da die Assoziation mit fließender Flüssigkeit leicht fällt.

Beim Vergleich des in einem Bauteil herrschenden Spannungszustandes mit den zulässigen Materialkennwerten ergibt sich das Problem, dass die zur Dimensionierung wichtigen Materialkennwerte, wie z. B. die Streckgrenze (R_{es}) oder Zugfestigkeit (R_m), meist in einachsigen Zugversuchen ermittelt werden, jedoch liegt in vielen Bauteilen ein räumlicher Spannungszustand vor. Beide lassen sich also nicht direkt miteinander vergleichen und eine Überprüfung, ob die zulässigen Materialkennwerte von den im Bauteil herrschenden Spannungen eingehalten werden, ist nicht möglich. Mit Hilfe von Festigkeitshypothesen ist es möglich, den räumlichen Spannungszustand in eine skalare Größe (σ_v) zu überführen, die sich dann z. B. mit der Zugfestigkeit oder der Streckgrenze des Materials vergleichen lässt und eine Aussage zulässt, ob die entsprechende Festigkeit überschritten wird oder wieviel Sicherheit noch vorhanden ist.

Drei der wichtigsten Festigkeitshypothesen (oder auch Vergleichsspannungen) sind:

- Die **Normalspannungshypothese** wird hauptsächlich bei spröden Werkstoffen wie z. B. Gusseisen oder Keramiken verwendet. Diese Materialien versagen häufig durch Sprödbrüche, die senkrecht zur größten anliegenden Zugspannung, der Hauptzugspannung σ_1, verlaufen. Es gilt:

$$\sigma_v = \sigma_1 \tag{2.7}$$

- Der **Schubspannungshypothese** liegt die Annahme zugrunde, dass die maximale Schubspannung die Materialbeanspruchung charakterisiert. Dies trifft hauptsächlich auf duktile Werkstoffe zu, die unter Zug- oder Druckbelastung in der Regel mit einem Gleitbruch versagen. Sie wird auch als *Tresca – Vergleichspannung* bzw. *–Kriterium* bezeichnet. Ausschlaggebend ist hier die maximale Schubspannung τ_{max}. Wenn die Hauptspannungen bekannt sind gilt:

$$\sigma_v = 2\tau_{max} = \sigma_1 - \sigma_3 \tag{2.8}$$

- Die **Gestaltänderungsenergiehypothese** ist eine der am häufigsten verwandten Versagenshypothesen. Sie wird auch ihrem Entwickler Richard v. Mises zu Ehren *v. Mises–Vergleichsspannung* genannt. Sie wird insbesondere dann angewendet, wenn nicht Bruch sondern plastische Verformung oder Ermüdung das Versagen des Bauteils bestimmen. Im allgemeinen Fall gilt:

$$\sigma_v = \sqrt{\sigma_x{}^2 + \sigma_y{}^2 + \sigma_z{}^2 - \sigma_x\sigma_y - \sigma_x\sigma_z - \sigma_y\sigma_z + 3(\tau_{xy}{}^2 + \tau_{xz}{}^2 + \tau_{yz}{}^2)} \tag{2.9}$$

Im Falle des ebenen Spannungszustand ergibt sich, da in der dritten Raumrichtung $\sigma_z = 0$ ist:

$$\sigma_v = \sqrt{\sigma_x{}^2 + \sigma_y{}^2 - \sigma_x\sigma_y + 3\tau_{xy}{}^2} \tag{2.10}$$

Sind die Hauptspannungen bekannt, vereinfacht sich Gleichung 2.9 bzw. 2.10 zu:

$$\sigma_v = \frac{1}{\sqrt{2}}\sqrt{(\sigma_1 - \sigma_2)^2 + (\sigma_2 - \sigma_3)^2 + (\sigma_3 - \sigma_1)^2} \qquad (2.11)$$

$$\sigma_v = \sqrt{\sigma_1{}^2 + \sigma_2{}^2 - \sigma_1\sigma_2} \qquad (2.12)$$

Linear–Elastisches Werkstoffverhalten

Alle Materialien, die in der Technik als Konstruktionswerkstoffe Verwendung finden, haben elastische Eigenschaften, d. h. alle Verformungen, die einen bestimmten, werkstoffspezifischen Wert nicht überschreiten, sind durch Entlastung reversibel ([12] S. 33 ff). Sind die elastischen Eigenschaften zudem in alle Richtungen gleich, so ist der Werkstoff isotrop. Die elastische Verformung hängt, ohne Berücksichtigung des Temperatureinflusses, lediglich vom Spannungszustand und zwei Elastizitätskonstanten ab. Der Elastizitätsmodul E und die Querkontraktionszahl (auch *Poisson–Zahl*) ν sind werkstoffabhängige Konstanten. Für die dritte Elastizitätskonstante, den Schubmodul G, gilt:

$$G = \frac{E}{2(1 + \nu)} \qquad (2.13)$$

Für einen einachsig belasteten Zugstab gilt das *Hooksche Gesetz* in seiner einfachsten Form. Die Dehnung ϵ_x in Zugrichtung, hängt nur von der Spannung σ_x und dem *Elastizitätsmodul E* ab:

$$\epsilon_x = \frac{\sigma_x}{E} \qquad (2.14)$$

Die dabei auftretende Querkontraktion ϵ_y bzw. ϵ_z ergibt sich zu:

$$\epsilon_y = -\nu\frac{\sigma_x}{E} \qquad \text{bzw.} \qquad \epsilon_z = -\nu\frac{\sigma_x}{E} \qquad (2.15)$$

Analog zum Spannungstensor σ_{ij} läßt sich ein Verzerrungstensor ϵ_{ij} bilden, der die Verschiebungen beschreibt.

$$\epsilon_{ij} = \begin{pmatrix} \epsilon_x & \epsilon_{xy} & \epsilon_{xz} \\ \epsilon_{yx} & \epsilon_y & \epsilon_{yz} \\ \epsilon_{zx} & \epsilon_{zy} & \epsilon_z \end{pmatrix} \tag{2.16}$$

Wobei wieder gilt, wenn $i \neq j$: $\epsilon_{ij} = \epsilon_{ji}$.

Das allgemeine *Hooksche Gesetz* ergibt sich somit zu:

$$
\begin{aligned}
\epsilon_x &= \frac{1}{E}\big(\sigma_x - \nu(\sigma_y + \sigma_z)\big) & \epsilon_{xy} &= \frac{1}{2G}\tau_{xy} \\
\epsilon_y &= \frac{1}{E}\big(\sigma_y - \nu(\sigma_x + \sigma_z)\big) & \epsilon_{xz} &= \frac{1}{2G}\tau_{xz} \\
\epsilon_z &= \frac{1}{E}\big(\sigma_z - \nu(\sigma_x + \sigma_y)\big) & \epsilon_{yz} &= \frac{1}{2G}\tau_{yz}
\end{aligned}
\tag{2.17}
$$

Übersteigt die Belastung des Materials den elastischen Bereich, so erfolgt bei duktilen Werkstoffen eine plastische Verformung aufgrund von Versetzungsbewegungen ([3] S. 58).

Materialkennwerte

Die Streckgrenze (R_{es}) beschreibt den Übergang von elastischem zu plastischem Bereich. Im Spannungs-Dehnungs-Diagramm (Abbildung 2.3) geht an diesem Punkt die Hooksche Gerade in die Verfestigungskurve über. Bei einigen Werkstoffen ist dieser Übergang schwer zu bestimmen, statt dessen wird eine Dehngrenze (oft 0,2%-plastische Dehnung) $R_{p0,2}$ angegeben. Anhand des Spannungs-Dehnungs-Diagramms, welches gewöhnlich mittels quasistatischen, weggesteuerten Zugversuchen ermittelt wird, kann das elastisch-plastische Werkstoffverhalten dargestellt werden. Zumeist werden die sogenannte technische Dehnung und die nominelle Spannung, die sich aus der anliegenden Kraft und dem Nennquerschnitt der Probe ergeben, zur Darstellung verwendet.

Da sich duktile Werkstoffe bei zunehmender Verformung einschnüren, tritt bei großen Dehnungen ein Abfall der nominellen Spannung ein, weil die tatsächliche Querschnittsfläche durch die Einschnürung abnimmt (und dadurch die tätsächliche Spannung ansteigt). Die maximal ertragbare Spannung kennzeichnet die Zugfestigkeit des Materials R_m.

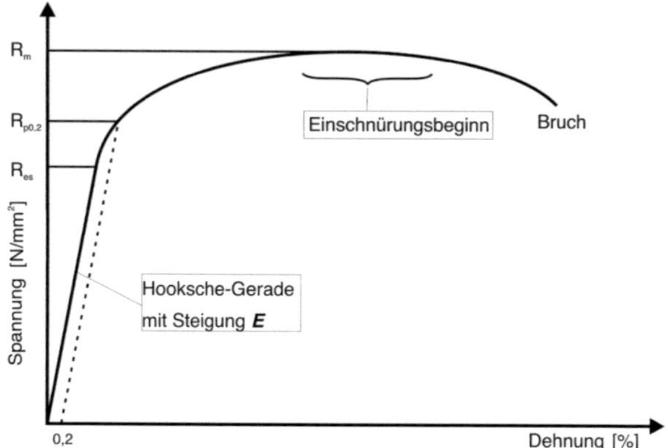

Abbildung 2.3: *Schematische Darstellung eines exemplarischen Spannungs-Dehnungs-Diagramms (z. B. für Stahl) mit den wichtigsten mechanischen Materialkennwerten*

Spannungsüberhöhung an Kerben

Betrachtet man ein gekerbtes Bauteil, d. h. ein Bauteil welches schroffe Querschnittsänderungen aufweist, unter einachsiger Zugbeanspruchung (in Abbildung 2.4 als Lochplatte dargestellt), so stellt man im Bereich der Kerbe eine Störung des Spannungsverlaufes fest.

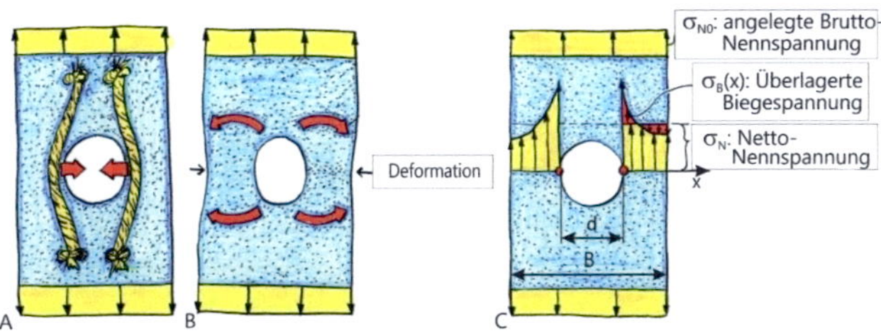

Abbildung 2.4: *Qualitative Darstellung von Kerbspannungen an einer zugbelasteten Lochplatte [Zeichnung: Mattheck]*

Die anliegende Brutto-Nennspannung $\sigma_{N0} = F \cdot A$ erhöht sich aufgrund des verringerten Querschnitts auf Höhe des Kerbgrundes auf die Nennspannung σ_N. Diese Nennspannung liegt aber nicht gleichmäßig über den Restquerschnitt verteilt an, sondern ist im Bereich des Kerbgrundes erhöht und am Rande verringert. Diese Inhomogenität lässt sich anschaulich durch eine überlagerte Biegebeanspruchung erklären.
Die in Abbildung 2.4 bei A eingezeichneten Seile symbolisieren den Kraftfluss, der versucht, die Seile gerade zu ziehen und dadurch das Kreisloch verflacht und eine superponierte Biegung bewirkt, die an der Innenseite des Loches Zug- und an der Außenseite Druckspannungen überlagert (Abbildung 2.4 C).

Das Verhältnis der maximal auftretenden (Zug-)Spannung (σ_{max}) zu einer Referenzspannung (σ_{ref}) wird Spannungskonzentration oder auch -überhöhung K_t genannt:

$$K_t = \frac{\sigma_{max}}{\sigma_{ref}} \tag{2.18}$$

Betrachtet man die höchste Spannungs am Kerbgrund (σ_{max}), so lässt sie sich zum einen auf die Brutto-Nennspannung σ_{N0} und zum anderen auf die *tätsächliche* / *Netto*-Nennspannung σ_N beziehen. Wenn in Abbildung 2.4 C die Dicke der Platte s beträgt, so gilt:

$$K_{tb} = \frac{\sigma_{max}}{\sigma_{N0}} = \frac{\sigma_{max} \cdot B \cdot s}{F}$$

$$K_{tn} = \frac{\sigma_{max}}{\sigma_N} = \frac{\sigma_{max} \cdot (B - d) \cdot s}{F} = K_{tb}\frac{B - d}{B} \tag{2.19}$$

Die Spannungsüberhöhung wird maßgeblich von der Geometrie der Kerbe beeinflusst. Je schroffer der Kraftfluss umgelenkt wird (s. Seite 8), desto höher ist die Spannungskonzentration. Wird der Radius der Kerbe immer kleiner, so nähert man sich modellhaft einem Riss.

In der Bruchmechanik kann die Kerbgeometrie häufig wie in Abbildung 2.5 durch Angabe von Kerbradius ρ, Kerbtiefe t, Flankenwinkel ω und der halben Breite des verbleibenden Restquerschnitts a beschrieben werden.

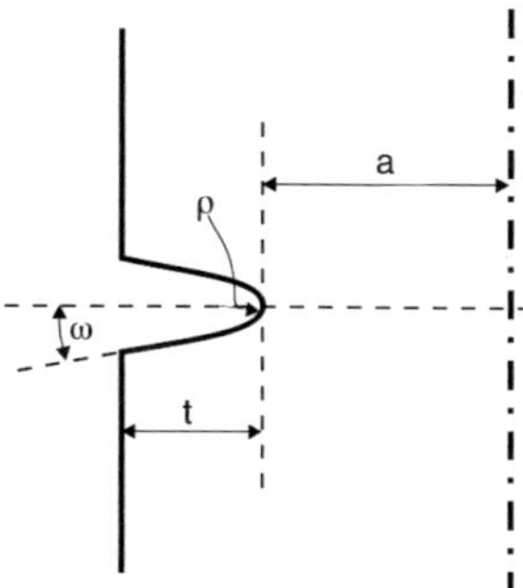

Abbildung 2.5: *Beschreibung von Kerben durch Kerbradius ρ, Kerbtiefe t, Flankenwinkel ω und der halben Breite des engsten Querschnitts a*

Viele Risstheorien basieren auf einem *idealen Riss* mit einem Kerbradius $\rho = 0$ und einem Flankenwinkel $\omega = 0°$. Solche Risse können aber in realen Werkstoffen nicht vorkommen, da die Spitze, allein schon aufgrund der diskreten Atomabstände, immer, wenn auch nur gering, abgestumpft sein wird ([3] S. 23). Bei Materialien die ein elastisch-plastisches Verhalten zeigen, kommt es zudem an der Rissspitze zu einer lokal begrenzten plastischen Verformung ([17] S. 32).

Auch kollidiert dieser Ansatz mit einer fundamentalen Forderung der Kontinuumsmechanik. In Kapitel 2.1 wurde davon ausgegangen, dass sich der Spannungszustand anhand eines infinitesimal kleinen Volumenelementes beschreiben lässt. Dies ist jedoch nur zulässig, wenn dieses Volumenelement die Eigenschaften des gesamten Körpers widerspiegelt. Bei homogenen Werkstoffen ist diese Annahme im Allgemeinen gültig. Wenn jedoch Inhomogenitäten (z. B. Risse bzw. Rissenden) auftreten, so stößt die Kontinuumsmechanik an ihre Grenzen, da Inhomogenitäten, bis hin zur Größenordnung einzelner Atomabstände, dazu führen, dass die oben genannte Forderung nach einem Kontinuum nicht erfüllt ist.

Bruchmechanik

Risse können auf verschiedene Weise entstehen. In den allermeisten Fällen ist dafür jedoch eine mechanische Belastung Grundvorraussetzung, einzig bei der rein elektrochemisch bedingten *interkristallinen Korrosion* ist für die Rissbildung keine mechanische Last nötig.

Man unterscheidet bei der Beanspruchung von rissbehafteten Bauteilen zwischen drei verschiedenen Rissöffungsmodi ([3] S. 24, siehe Abb. 2.6):

- Bei *Mode I* liegt die (Normal-)Belastung senkrecht zur Rissebene an

- *Mode II* unterliegt einer (Schub-)Belastung in Rissausbreitungsrichtung und

- Bei *Mode III* ist die Schubbelastung senkrecht zur Rissausbreitungsrichtung gerichtet

Die Bruchzähigkeit K_c ist ein Materialparameter, der angibt welchen Widerstand ein Material einem sich ausbreitenden Riss entgegensetzt,

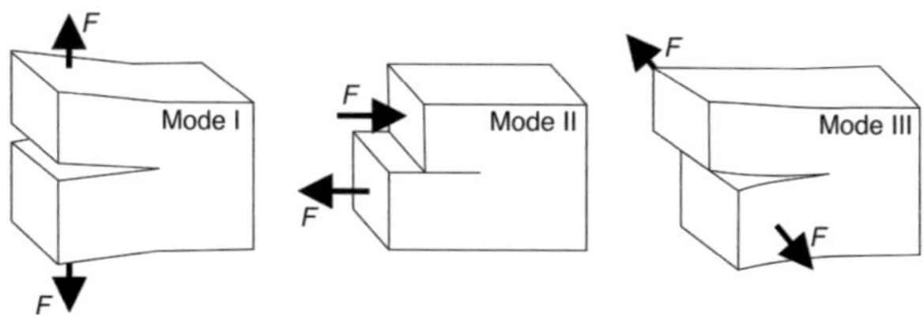

Abbildung 2.6: *Die drei verschiedenen Rissöffnungsmodi*

um nicht spontan zu versagen. Er ergibt sich aus der kritischen Spannungsüberhöhung an der Rissspitze, die das Material aushalten kann. Da diese bei den drei verschiedenen Rissöffnungmodi unterschiedlich ist, wird für die Dimensionierung hauptsächlich der konservative, d. h. niedrigere Wert für *Mode I* verwendet und die Bruchzähigkeit mit K_{Ic} angegeben. Die Werte für K_{Ic} müssen experimentell bestimmt werden.

Ermüdung

Auch wenn die Belastung eines Bauteils stets unterhalb der Zugfestigkeit und auch unterhalb der Streckgrenze erfolgt, kann das Bauteil durch Bruch versagen. Hierfür ist bei zyklischer, d. h. wiederholter, Beanspruchung die Ermüdung des Materials verantwortlich. Ausgehend von kleinen Imperfektionen, z. B. oberflächlichen Mikrorissen, können größere Risse entstehen, die mit jedem Lastwechsel ein bisschen größer werden können. Aufgrund der sehr schroffen Kraftflussumlenkung um die Rissspitze (s. Kap. 2.1 Abbildung 2.5) treten sehr hohe Spannungen auf, die teilweise vor der Rissspitze zu lokalen, plastischen Verformungen führen und ein weiteres Fortschreiten des Risses hervorrufen.

Das *Wöhler*-Diagramm gibt für einen Werkstoff die Wechselfestigkeit in Abhängigkeit der Lastspielzahl an. Kubisch-raum-zentrierte Metalle (z. B. viele Stähle) weisen bei hohen Lastspielzahlen ein Festigkeitsniveau auf, welches näherungsweise konstant bleibt. In diesem Fall spricht man von einer *Dauer*-Festigkeit. Viele andere Materialen, wie z. B. kubisch-flächen-zentrierte Metalle (Aluminium, Kupfer) bilden keine solche ausgeprägte Dauerfestigkeit aus. Deren *Zeit*-Festigkeit nimmt bei größer werdender Lastspielzahl immer weiter ab ([3] S. 203). Wenn zu der zyklischen Beanspruchung eine statische Last (*Mittellast*) hinzukommt, so ändern sich die Dauer- und Wechselfestigkeiten. Eine Druck-Mittellast erhöht, und eine Zug-Mittellast reduziert diese.

Es wird ferner zwischen low-cycle-fatigue (LCF bis 10^4 Lastwechel), high-cycle-fatigue (HCF bis 10^6 Lw) und ultra-high-cycle-fatigue (UHCF 10^8 Lw) unterschieden.

Die für Ermüdungsbrüche typischen Bruchflächen weisen häufig Rastlinien auf (Abbildung 2.7A). Diese entstehen z. B. in Betriebspausen, bei Stillstand, oder Laständerungen. Die Restbruchfläche (die durch einen instabilen Gewaltbruch versagt) gibt einen Hinweis darauf, wie viel Sicherheit das Bauteil bot, bzw. wie sehr es überdimemsioniert war (Abbildung 2.7B).

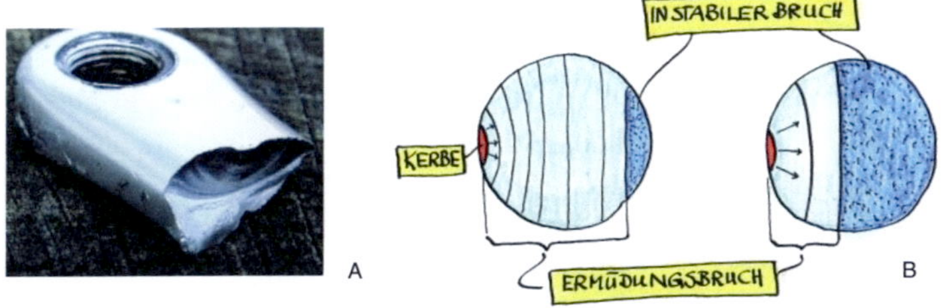

Abbildung 2.7: *Typisches Erscheinungsbild von Ermüdungsrissen*
A   Tretkurbel eines Fahrrades, der Riss ging von einer Kerbe aus
B   schematische Darstellung der Rastlinien eines Ermüdungs-
bruches [24]

Aus dem Bruchbild, bzw. dem Verlauf der Rastlinien lässt sich auch auf die Art der Belastung schließen. In Abbildung 2.7 B ist schematisch das Bruchbild dargestellt, welches sich bei einseitiger Wechselbiegung ergibt. Da an diesem Beispiel der Riss von einer Kerbe (rot dargestellt) ausgeht, eilen an den Stellen mit hoher Kerbspannung die Rastlinien ein klein wenig vor. Später mit fortschreitendem Risswachstum überlagern sich Biegespannungen und der Verlauf der Rastlinien begradigt sich. Wäre an diesem Beispiel eine umlaufende Kerbe (z. B. ein Gewinde) auf Höhe des Ermüdungsbruches angebracht, so würden die Rastlinien bis zum Schluss voraneilen ([3] S. 341, [24] S. 83).

2.2 Biologische Strukturen

Alle biologischen Strukturen sind evolutionsgeschichtlich aus einfachsten abiotischen Urzellen entstanden, die sich vor ca. 3,5 Milliarden Jahren in den Ozeanen (bzw. Teilen davon, der sog. Ursuppe) des noch jungen Planeten Erde bildeten. Ungefähr 500 Millionen Jahre später wurde durch die Photosynthese die Umwandlung von Sonnenenergie möglich ([21] S. 21). Damals waren mechanisch belastbare Strukturen zweitrangig, da sich die frühen, einzelligen Lebewesen noch freischwimmend im Wasser befanden. Immer komplexere Lebensformen brachte die Evolution durch die mit der Fortpflanzung verbundene genetische Variabilität hervor. Spätestens seit der Besiedelung der Landmassen, und den dort herrschenden Umgebungsbedingungen sind mechanisch belastbare Strukturen, sowohl für Pflanzen, Pilze und Tiere von Nöten.

Um biologischen Funktionen erfüllen zu können, sind viele Organismen auf mechanisch belastbare Strukturen angewiesen. So braucht beispielsweise ein Baum einen stabilen Stamm, um für seine Krone, die ihm die lebensnotwendige Energie in Form von Assimilaten liefert, einen Standortvorteil zu verschaffen, indem er sie über die übrige Vegetation emporhebt ([21] S. 384). Der Stamm muss dann aber so stark sein, dass der Vorteil einer erhabenen Krone nicht zum fatalen Nachteil wird, z. B. in Form von erheblichen Windlasten bei Sturm ([23] S. 50).

Im Verdrängungswettbewerb der Evolution konnten sich vor allem Arten behaupten, die sich gekonnt an die Umweltbedingungen anpassten, aber gleichzeitig effizient mit ihren Ressourcen haushielten. Bei lebenden Organismen, die sich fortbewegen und daher ihren massebehafteten Körper beschleunigen müssen, sind in der Regel die lasttragenden Strukturen, z. B. das Knochenskelett bei Wirbeltieren, im Vergleich zu denen der feststehenden Pflanzen, auch unter dem Gesichtspunkt der Gewichtsminimierung optimiert. Bei Tieren, die sich fliegend fortbewegen (Vögel, Fledermäuse) und neben der Beschleunigung auch noch die Erdanziehungskraft überwinden müssen, ist dieser Aspekt besonders ausgeprägt.

Besonders aufschlussreich an biologischen Strukturen ist deren lastgerechte Gestaltung. Dies ermöglicht den Organismen ihre Investitionen in die lasttragende Struktur effizient vorzunehmen und so einen (Wachstums-) Vorteil gegenüber Mitbewerbern zu haben. An Bäumen wurde festgestellt, dass sie in der Lage sind, an mechanisch hochbelasteten Bereichen gezielt Material anzulagern, dies ist an der Bildung lokal dickerer Jahresringe zu beobachten ([25] S. 47). Das Axiom der konstanten Spannung postuliert das Verlangen mechanisch optimierter, biologischer Strukturen zu einer möglichst homogenen Spannungsverteilung zu gelangen, um so einerseits unnötigen Vergeudung von Ressourcen und andererseits keine Sollbruchstellen zu generieren.

Bild 2.8 zeigt den Sägeschnitt einer auf Biegung belasteten Fichtenwurzel. Am Rand, an dem hohe mechanische Lasten auftreten, sind die Jahresringe verdickt. In Zonen, in denen die Belastung geringer ist (neutrale Faser), wird weniger Material benötigt und es werden dünnere Jahresringe ausgebildet. Einige Jahre vor der Fällung und Präparation der Wurzel, war diese noch fast kreisrund und nicht auf Biegung belastet bzw. spezialisiert ([23] S. 44).

Abbildung 2.8: *Eine auf Biegung belastete Wurzel, die lastadaptiv an den Stellen, die hoch belastet sind, vermehrt Zuwachs hat. Niedrig belastete Bereiche (neutrale Faser) haben nur geringen Zuwachs (dünne Jahresringe) [22]*

Bei Knochen geht die lastgerechte Gestaltung noch einen Schritt weiter, da diese nicht nur in der Lage sind mechanisch hochbelastete Zonen gezielt zu verstärken, sie können auch unterbelastete Bereiche abbauen. Für den Knochenaufbau sind die *Osteoblasten* und für den -abbau *Osteoklasten* verantwortlich. Neben der o. g. Gewichtsreduktion ist hier auch die Rückgewinnung des kostbaren Knochenrohstoffes von Bedeutung.

Diese beiden Prinzipien der lastgerechten Gestaltung wurden mit den computergestützten Methoden CAO (*Computer Aided Optimization*) und SKO (*Soft Kill Option*) am Institut für Materialforschung II des Forschungszentrums Karlsruhe erfolgreich in die Technik umgesetzt und zur Optimierung zahlreicher technischer Bauteile genutzt.

Im Jahr 2006 wurde mit der Entwicklung der *Methode der Zugdreiecke* ([26] S. 23ff, s. Kap. 3.2) die Optimierung von mechanisch beanspruchten Strukturen mit einer einfachen, rein graphischen Konstruktion ermöglicht.
Selbst unbelebte Natur scheint zum Teil nach der Methode der Zugdreiecke gestaltet zu sein [27].

2.3 Optimierung

Optimierungen haben zum Ziel, eine Fragestellung bestmöglich zu lösen. Die Anforderungen sind mitunter sehr komplex, und die Verbesserung eines Parameters bedingt die Verschlechterung eines anderen. Oft ist auch die Gewichtung der einzelnen Parameter unterschiedlich, nicht zuletzt wenn der finanzielle Aspekt ins Spiel kommt. Hier bietet die Natur als Vorbild ein großes Spektrum an Ideen. Zwar gibt es dort keinen finanziellen Aspekt *(im Sinne von Geld oder Aktien)*, wohl aber sind wichtige Ressourcen wie Material und / oder Energie wertvoll und ein verschwenderischer Umgang mit diesen wird im Laufe der Evolution bestraft.

In komplexen technischen Systemen lassen sich einzelne Bauteile gezielt für die Beanspruchungen optimieren, denen sie ausgesetzt sind. Dabei ist auch die richtige Werkstoffauswahl einer der wichtigsten Aspekte [2]. In Spezialfällen können sogar die Eigenschaften des Werkstoffs innerhalb eines Bauteils so eingestellt werden, dass für die jeweilige Beanspruchung angepasste Materialeigenschaften genutzt werden können. Als Beispiele hierfür dienen hauptsächlich Bauteile aus faserverstärktem Kunststoff, bei denen sich die Faserorientierung, -wicklung und auch -spannung auf die mechanischen Eigenschaften des Materials auswirkt [37]. Aber auch bei metallischen Werkstoffen werden seit langem, z. B. durch Einsatzhärten von Zahnrädern, die Eigenschaften des Werkstoffs gezielt verändert ([41] S. 260 ff).

Viele Bauteile hingegen werden aus homogenem und isotropem Werkstoff hergestellt, zum einen wegen der einfacheren Recyclebarkeit, aber auch der Kosten wegen.

2.3.1 Formoptimierung

In mechanisch belasteten Strukturen aus homogenem, isotropem Material ist es oft sinnvoll, eine möglichst gleichmäßige Belastung des Werkstoffes zu erzielen. Dies bedeutet, dass möglichst wenig Material unter- oder überlastet ist. Wobei auch außergewöhnliche Überlasten bedacht werden müssen und deshalb ausreichend Sicherheitsreserve vorhanden sein muss.

Die Optimierung mechanisch belasteter Strukturen lässt sich in drei Bereiche unterscheiden ([13] S. 3):

Die **Dimensionierung** ist für die Strukturoptimierung der einfachste Fall. Wird z. B. der Durchmesser einer Getriebewelle oder die Wandstärke eines Trägers an hochbelasteten Stellen erhöht und an niedrigbelasteten erniedrigt, so ist das schon eine Form von Optimierung.

Die **Formoptimierung** ändert dagegen nicht nur die Dimensionen, sondern auch die Gestalt im Hinblick auf ein z. B. kraftflussgerechteres oder stromlinienförmigeres Verhalten. Gerade im Bereich der Kerbformoptimierung wurden hier mit CAO (s. Kap. 2.2) und der Methode der Zugdreiecke (s. Kap. 3.2) große Fortschritte und Erfolge erzielt. Die oft kleinen Änderungen an der Kerbform haben einen oft großen Einfluss auf die Spannungsüberhöhung und somit auf die Lebensdauer von Bauteilen ([13] S. 155, [26] S. 103).

Die **Topologieoptimierung** greift ebenfalls in die Gestaltung des Körpers ein, aber nicht nur in seine äußere Form wie oben beschrieben, sondern homogenisiert z. B. durch Aussparungen an unterbelasteten Bereichen oder Verstärkungen an hochbelasteten Bereichen die Materialbeanspruchung.

Mathematisch lassen sich Optimierungsfragen oft durch eine Extremalbetrachtung lösen. Je umfangreicher dabei die Parameter und Restriktionen sind, desto umfangreicher ist auch die mathematische Lösung. Oft wird ein ganzes Gleichungssystem aufgestellt, bei dem die *Zielfunktion* einen Extremwert annehmen soll und die Restriktionen in Form von (Un-)Gleichungen (z. B. Mindest- oder Maximalgröße eines Parameters) den Lösungsraum beschränken ([13] S. 4).

2.4 Fail Safe Design

In Bereichen, in denen die Betriebssicherheit eine wichtige Rolle spielt, wird häufig der *Fail Safe* Grundsatz angewendet. Im Gegensatz zum *Safe-Life*-Grundsatz, bei dem innerhalb der Betriebsdauer bei allen wahrscheinlichen und möglichen Ereignissen ein Versagen ausgeschlossen wird, *erlaubt* das Fail-Safe-Design ein Versagen. Aber nur wenn sicher gestellt ist, dass es dadurch zu keinen schwerwiegenden Folgen kommt ([11] S. F16 & Q103). So auch überall dort, wo nicht alle wahrscheinlichen und möglichen Ereignisse bekannt sind und somit ein Restrisiko besteht.

Fail Safe lässt sich am besten mit *trotz Fehler sicher* oder *beherrschbares Versagen* übersetzen. Gemeint ist damit i. d. R. die Eigenschaft eines technischen Systems gutmütig bzw. tolerant zu reagieren, sollte ein Fehler auftreten. Dieser Fehler kann vom Bedienungsfehler über einen Materialfehler bis zum Ausfall der Energieversorgung (z. B. Stromausfall) reichen. Ziel ist es immer, einen sicheren Betriebszustand des Systems beizubehalten bzw. das System in einen solchen zu versetzen, sodass keine Gefahr mehr davon ausgeht bis der Fehler behoben und der Normalbetrieb wieder aufgenommen werden kann.

Bei komplexen Systemen greifen mitunter viele verschiedene Sicherheitsvorkehrungen ineinander. So sorgen Sicherheitsvorkehrungen dafür, dass z. B. ein Eisenbahnzug selbstständig bremst, wenn der Lokführer ein

Stopp-Signal ungeachtet überfährt *(Bedienungsfehler)*. Das klassische Stopp-Signal der Eisenbahn selbst ist ebenso nach dem Fail-Safe Grundsatz gebaut. Für *freie Fahrt* wird es aktiv schräg nach oben gestellt, für Stopp zeigt es in horizontaler Richtung. Bei Ausfall der Zugleitsysteme bzw. derer Energieversorgung sorgt die äußerst zuverlässige Erdanziehungskraft dafür, dass das Signal das sichere Stopp anzeigt. Dies ist in solch einem Fall der einzig sichere Betriebszustand.

Die Redundanz wichtiger *(Einzel-)*Systeme ist auch eine Form des Fail-Safe, da der Ausfall bzw. das Versagen einer Systemkomponente durch die Ersatzkomponente kompensiert werden kann. Ein Korbstuhl versagt beispielsweise nicht aufgrund einer einzelnen gebrochenen Rute. Selbst der Ausfall mehrerer Ruten wird meist von den übrigen ausgeglichen.

Mechanisch belastete Strukturen versagen häufig durch Ermüdungsbruch. Wiederholte, zyklische Be- und Entlastung sorgen oft dafür, dass Risse entstehen, die dann im weiteren Betrieb an Größe gewinnen, bis sie irgendwann eine kritische Länge erreichen, bei der die lasttragende Reststruktur spontan durch Gewaltbruch versagt. Somit ist das Vorhandensein eines Risses nicht immer einem Versagen der Struktur gleichzusetzten. In den letzten Jahrzehnten wurden in der Bruchmechanik große Fortschritte gemacht, die die Bewertung von vorhandenen Rissen erlauben. Hauptsächlich in der Luftfahrtindustrie wurden hier große Anstrengungen unternommen, um den sicheren Betrieb zu gewährleisten, da hier oft Aluminium Verwendung findet und hierbei die Problematik der Rissfortschrittsbewertung eine große Rolle spielt. Das immer größere werdende Verständnis der Bruchmechanik führte z. B. dazu, dass heute noch Flugzeuge und Hubschrauber im Einsatz sind, deren geplante Lebensdauer längst erreicht war, da die (aktuelle) Bewertung der eventuell unvermeidlichen Risse einen sicheren Betrieb weiterhin zulässt ([11] S. Q103). Auch in der Kraftwerks- und Reaktortechnik wurde umfangreich über Bruchvorgänge geforscht, um z. B. bei druckbelasteten Rohren oder Kesseln durch den Grundsatz *Leck-vor-Bruch* katastrophale Gewaltbrüche zu verhindern [34].

2.5 Ziel der Arbeit

Diese Arbeit soll neue Erkenntnisse des Fail Safe Designs bezüglich der Vermeidung von Rissausbreitung und –Entstehung beleuchten.

Die bei der Untersuchung von biologischen Strukturen gewonnenen Erkenntnisse mündeten in Vorgehensweisen, mit denen sich Rissbildung und –ausbreitung verzögern lassen. Dabei spielen vor allem die in Kapitel 3.1 und 3.2 vorgestellten Methoden eine große Rolle. Das Verständnis der zu Grunde liegenden Mechanik erlaubt es neue gestalterische Lösungen zur Behinderung der Rissinitiierung und der Rissausbreitung zu finden, die sich durch hohe Wirksamkeit und dennoch geringen Aufwand auszeichnen.

Die Vorteile die sich aus diesen Vorgehensweisen ergeben, sind bezüglich der Spannungsreduktion und –homogenisierung an den höchstbelasteten und damit rissgefährdetsten Bereichen beträchtlich und den herkömmlichen Methoden oft überlegen. Vergleichende Analysen zeigten dies sowhl rechnerisch, als auch experimentell.

Fragestellungen, die teilweise aus der industriellen Praxis kamen, boten wichtige Anreize diese Thematik eingehend zu untersuchen. Ziel war es jedoch keine an den jeweiligen Einzelfall angepasste Lösung zu entwickeln, sondern vielmehr universell einsetzbare Vorgehensweisen.

3 Methoden

3.1 Denkwerkzeug Schubviereck

Die Methode der Schubvierecke ermöglicht auf einfache Weise Kraftfluss-verläufe in Bauteilen bzw. in mechanisch belasteten Strukturen qualitativ darzustellen ([15] S. 34, [28]).

An einem gedachten, freigeschnittenen Viereck, welches drehbar gelagert ist, werden die angreifenden Schubspannungen aufgebracht (Abbildung 3.1A). Dieses Kräftepaar würde das gedachte Viereck in Rotation versetzten, wenn nicht ein gleich großer, entgegengesetzt wirkender Querschub dem entgegen wirkte (Abbildung 3.1B).

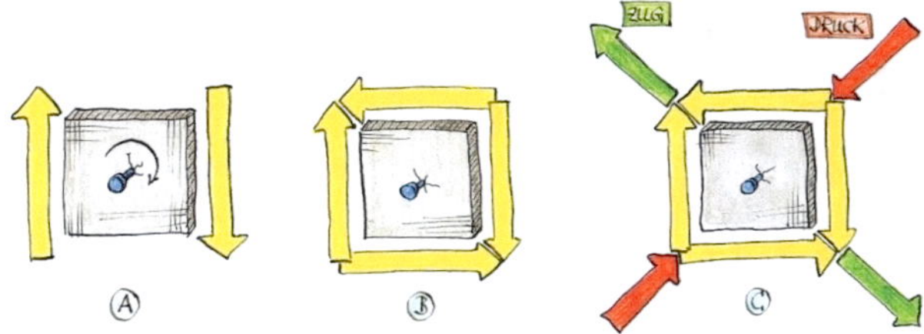

Abbildung 3.1: *Die Methode der Schubvierecke [Zeichnung: Mattheck]*

Die nun dargestellten Richtungen der Schubspannungen lassen sich nun graphisch zusammenfassen, um die schubinduzierten Zug- bzw. Druck-hauptspannungen anzuzeigen (Abbildung 3.1C).

Dieses *Denkwerkzeug* hilft dabei Kraftflussverläufe zu analysieren und zu verstehen. Abbildung 3.2 stellt die breite Palette der Anwendungs-möglichkeiten beispielhaft dar. Bei einem zugbelasteten Bauteil mit erheblicher Querschnittsänderung (wie z. B. bei einer Wellenschulter vgl.

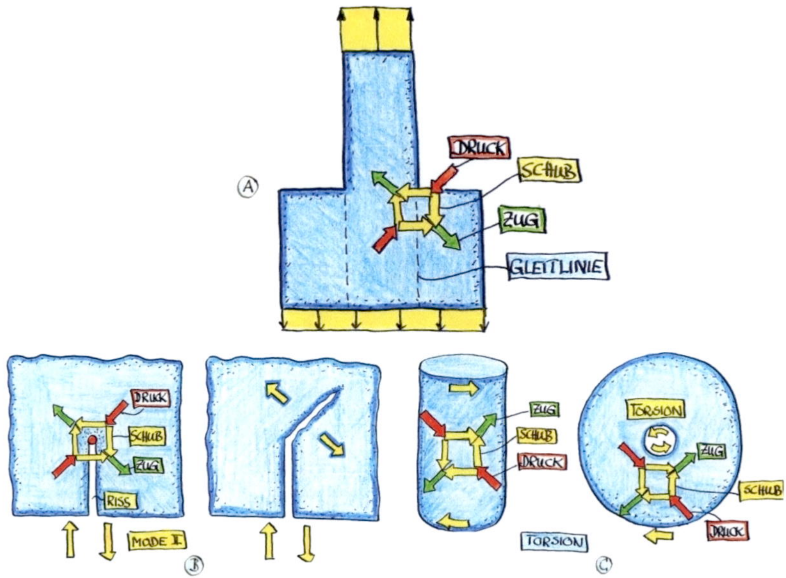

Abbildung 3.2: Beispiele zur Anwendung der Schubvierecke als Denkwerkzeug.
A   Zugbelastung
B   schubbelasteter Riss / Schlitz (Mode II)
C   Torsion   [Zeichnung: Mattheck]

Abb. 3.2A) ist anhand des Schubvierecks auch zu erkennen, dass die schubinduzierten Zugspannungen im Winkel von 45° in den breiten Teil des Bauteils münden. Die (schubinduzierten) Zug-/ Druckspannungen bewirken auch z. B. das Abknicken des Ermüdungsrisses an einem eingebrachten Schlitz unter *Mode II*-Belastung (Abb. 3.2B). Ebenso lassen sich die Schubvierecke bei Torsionschubspannungen (Abb. 3.2C) verwenden und zeigen die um 45° dazu geneigten Zug- und Druckspannungen an.

3.2 Methode der Zugdreiecke

Die Methode der Zugdreiecke hat für diese Arbeit fundamentale Bedeutung. Sie wurde von Mattheck 2006 entwickelt ([26] S. 23) und von Sauer [36] und Sörensen [39] schon umfangreich behandelt.

Entwickelt wurde diese Methode zunächst zur Verringerung bzw. Vermeidung von Spannungsüberhöhungen an konstruktionsbedingt gekerbten Bauteilen. Grundlegender Aspekt ist dabei die Erkenntnis aus der Betrachtung mit den *Schubvierecken*, dass der Kraftfluss maximal im 45°-Winkel umgelenkt wird (Abbildung 3.2A). Die Anwendung dieser Methode setzt keine komplexen technischen Hilfsmittel wie z. B. Computer, Simulationssoftware oder ähnliches voraus. Einzig Zirkel, Lineal und die Kenntnis der Belastungsrichtung reichen aus, um eine annähernd optimale Kerbform zu erzeugen, die die Spannungsüberhöhung der Kerbspannung in vergleichbarem Maße reduziert, wie sie auch die bewährte, aber aufwendige, iterative Finite Elemente Methode CAO (Computer Aided Optimization) ermöglicht [32]. Im Folgenden soll nur grundlegend auf die Konstruktion der Zugdreiecke eingegangen werden.

3.2.1 Einachsige Zugdreiecke

Ausgehend von dem einfachen Lastfall des einachsigen Zuges, wie er auch in Abbildung 3.2A dargestellt ist, kann die scharfe Kerbe am Geometrieübergang durch ein symmetrisches Dreieck (Abbildung 3.3 ①) entschärft werden. Es entstehen dadurch zwei neue Kerben (Abb. 3.3 links), von denen jedoch die untere (Ⓐ) unproblematisch ist, da der Kraftfluss im selben Winkel in das breite Stück des Bauteils mündet, wie die Kante des Dreiecks. Die Kerbwirkung der oberen, neuen Kerbe (Abb. 3.3 Ⓑ) ist dagegen noch zu beheben. Dazu wird auch hier ein gleichschenkliges Dreieck (Abb. 3.3 ②) eingefügt. Wieder entstehen zwei neue Kerben, von denen die obere noch Optimierungspotential bietet. Ein drittes Zugdreieck (Abb. 3.3 ③) zeigt auch hier noch Wirkung.

Prinzipiell könnten unendlich viele Zugdreiecke aneinander konstruiert werden. Untersuchungen [36, 39] haben aber gezeigt, dass in der Regel

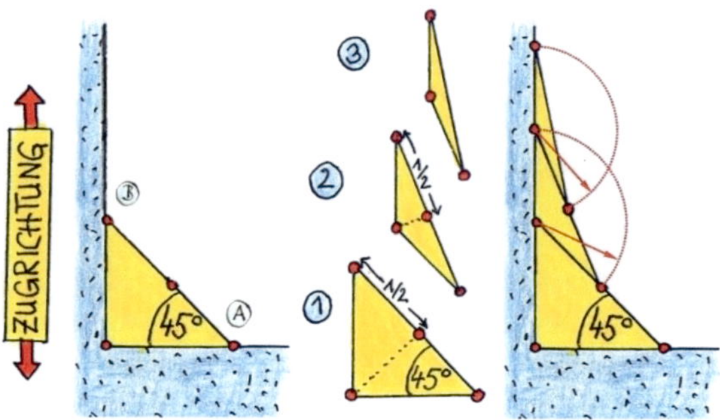

Abbildung 3.3: *Konstruktion der Zugdreiecke [Zeichnung: Mattheck]*

zwei bis drei Zugdreiecke ausreichend für eine weitgehende Kerbformoptimierung sind.

Diese Grundkonstruktion wird nach [36] und [39] mittels größtmöglicher Tangentialbögen verrundet (Abb. 3.4), wobei der untere 45°-Knick (in Abb. 3.4 gestrichelt dargestellt) nicht verrundet wird, da dies für den Kraftfluss, wie oben mit dem Schubviereck gezeigt, keine Umlenkung bedeutet.

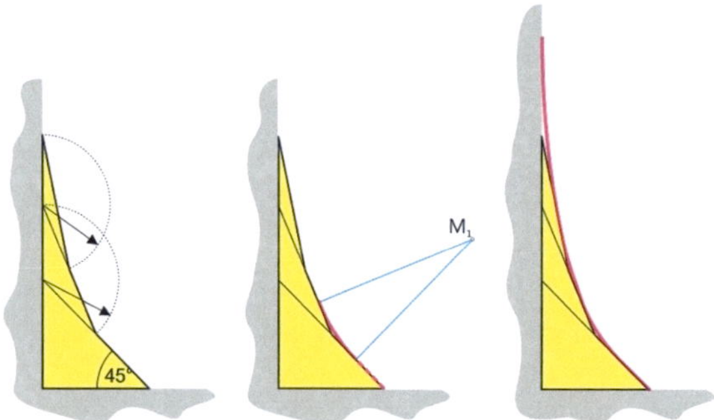

Abbildung 3.4: *Verrundung der Zugdreiecke*

3.2.2 Zweiachsige Zugdreiecke

Wenn der Lastfall nicht einachsig wirkt, sondern biaxial, wird die Konstruktion der Zugdreiecke entsprechend geändert ([26] S. 41). Dabei wird das Verhältnis der angreifenden Belastungen berücksichtigt. Abbildung 3.5 zeigt die Konstruktion bei verschiedenen Lastfallkombinationen an einer rechtwinkligen Kerbe. Dem Verhältnis der angreifenden Lasten entsprechend, wird der Bauraum aufgeteilt. Wirken in beide Richtungen gleich große Belastungen, so sind die beiden Zugdreieckskonturen gleich groß und es ergibt sich annähernd ein Kreisbogen.

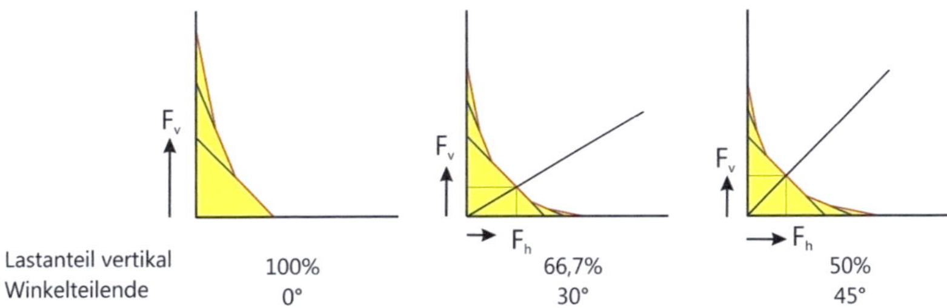

Abbildung 3.5: *Konstruktion der Zugdreiecke bei zweiachsiger Belastung. Der Bauraum wird dem Lastverhältnis entsprechend aufgeteilt und die Zugdreieckskontur lastgerecht eingepasst*

Die Methode ist aber nicht auf rechtwinklige Kerben beschränkt. Kleinere Winkel werden der Last entsprechend geteilt und auf der Winkelteilenden werden dann nach beiden Seiten hin die Zugdreiecke konstruiert. In der Natur sind z. B. eine Baumgabel oder eine Ast-/Zweiganbindung mit dieser Variante der Zugdreiecks-Methode beschreibbar.

3.2.3 Circumferentielle Zugdreiecke

Da es bei Anwendung der Methode der Zugdreiecke für geraden, einachsigen Zug bei umlaufenden Kraftverläufen zu Winkeldiskrepanzen kommt, wurde die Methode an circumferentielle Belastungen angepasst. Ausgehend von einem ersten Zugdreieck mit dem 45°-Winkel, wird durch Halbierung der *Hypotenuse* der Startpunkt für das weitere Zugdreieck gefunden, ebenso beim nächsten so konstruierten Dreieck. Im Extremfall eines unendlichen Radius r geht diese Konstruktion in die bekannte für geradlinigen Zug über. Die Verrundung verläuft analog zu den anderen Varianten der Methode der Zugdreiecke.

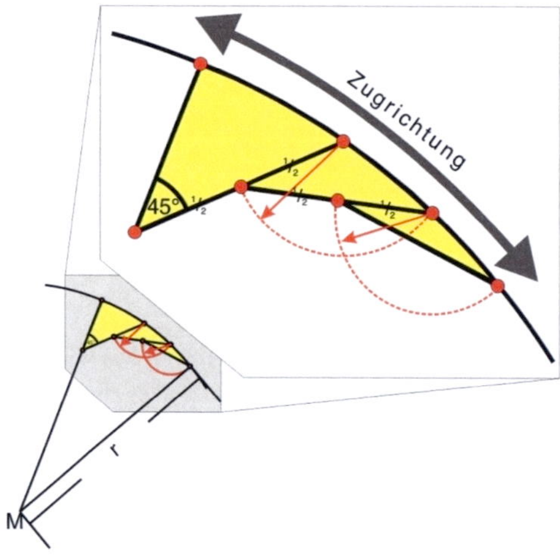

Abbildung 3.6: *Konstruktion der circumferentiellen Variante der Zugdreiecksmethode*

3.2.4 Leichtbau mit der Methode der Zugdreiecke

Die Methode der Zugdreiecke lässt sich jedoch nicht nur zur Verringerung von Kerbspannungen verwenden. Es lässt sich auch damit in einfacher Weise nicht benötigtes Material einsparen ([26] S. 31, [36], [39]). Wie in Abbildung 3.2A mit dem Schubviereck gezeigt, mündet der Kraftfluss an solch einem Bauteil im Winkel von 45° in den breiten Teil ein. Dies bedeutet, dass der Bereich außerhalb der 45°-Grenze nur wenig von der eingeleiteten Kraft erfährt. Eine kraftfluss-orientierte Gestaltung kann also auf *unnötiges* Material verzichten. Abbildung 3.7 veranschaulicht mit Hilfe des Schubvierecks wie die Methode der Zugdreiecke zur Materialeinsparung verwendet werden kann. Dies ist auch mit der zweiachsigen Variante möglich, wie Abbildung 3.8 zusammenfassend zeigt.

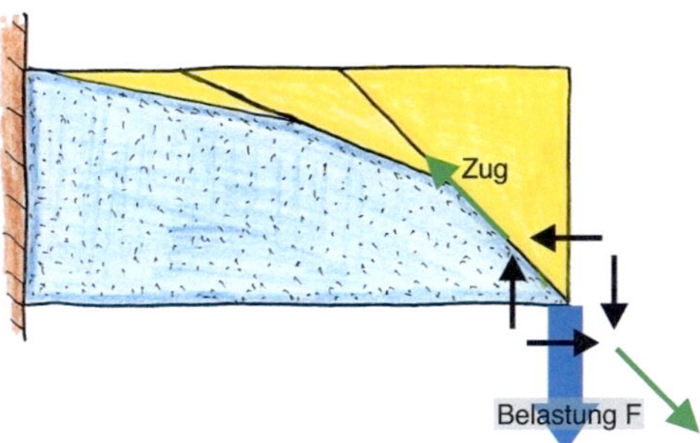

Abbildung 3.7: *Verwendung der Methode der Zugdreiecke zur Einsparung nicht benötigten Materials am Beispiel eines Kragträgers [26]*

3.2.5 Zusammenfassung Methode der Zugdreiecke

In Abbildung 3.8 ist die Methode der Zugdreiecke zusammenfassend dargestellt. Als Beispiel dient hier eine modellhafte Kralle, wie sie z. B. beim Schwarzbären oder auch als Stachel bei Meeresschnecken vorkommen kann ([26] S. 107). Die Belastung und die Lagerung sind dementsprechend gewählt. Ausgehend von einem rechteckigen Designvorschlag

(Abbildung 3.8 links) werden zunächst Bereiche weggeschnitten, die für den Kraftfluss unnötig sind (Mitte). An der Spitze mit der einfachen, einachsigen Variante und am hinteren Bogen aufgrund der Zweiachsigkeit der Belastung mit der biaxialen. Die übrig gebliebenen scharfen Übergänge werden dann (kerbform-) optimiert (rechts). Auch hier, je nach Lastfall ein- oder zweiachsig.

Abbildung 3.8: Kerbformoptimierung und Leichtbau mit der Methode der Zugdreiecke [26]

3.3 „Rapid-Prototyping" mit Polystyrol

Im Rahmen dieser Arbeit wurden zur schnellen Verifikation der Spannungsberechnungen Proben aus Polystyrolschaumstoff hergestellt. Dieses Materials ist als günstiges Dämmaterial im Handel gut verfügbar und weist gute Verarbeitungseigenschaften auf, da es sich präzise und mit relativ geringem Aufwand mittels eines stromdurchflossenen, heißen Drahtes schneiden läßt. Dazu wurde eine CNC-gesteuerte Anlage der Firma **cnc-multitool** verwendet, mit welcher sich eine ausreichende Wiederholgenauigkeit (kleiner 0,1 mm) bei der Probenfertigung erreichen ließ. Durch die rechnergestützte Erstellung der Probenform und die CNC-gesteuerte Herstellung ist es möglich, verschiedene Geometrievarianten direkt miteinander zu vergleichen.

Die durch den extrudierenden Herstellungsprozess bedingte Anisotropie des Materials ist bei der Probenfertigung zu berücksichtigen. Vergleichbare Proben müssen gleiche Materialorientierungen aufweisen. Durch Zugversuche mit Universal–Prüfmaschinen lassen sich somit unterschiedliche Geometrien anhand von Bruchlast und Verfahrweg vergleichend charakterisieren.

3.3.1 Vorgehensweise

Die zu erstellende Probengeometrie wurde zuerst am Rechner mit gängigen Zeichen / CAD-Programmen massgenau erstellt. Dabei war darauf zu achten, daß die Geometrie ausschließlich aus *geschlossenen* Linienzügen besteht. Der Steuerungssoftware der **cnc-multitool** Maschine wurden dann die Daten in Form einer *hpgl*-Plotter-Datei übergeben und dort weiter zu dem letztendlich benötigten G-Code umgewandelt [10]. Bahnkorrekturen, die dem endlichen Werkzeugdurchmesser geschuldet sind, werden in diesem Schritt durchgeführt.

Bei Geometrien, die sowohl aus einer (oder mehreren) Innen- und der Außenkontur bestehen, muss der Schneidvorgang manuell unterbrochen und jede Innenkontur einzeln, nacheinander geschnitten werden. Dazu wird ungefähr in der Mitte der jeweiligen Innenkontur ein Start- und

Endpunkt definiert und an dieser Stelle ein Loch in das Werkstück gebohrt, um den Schneiddraht an dieser Stelle ein- und ausfädeln zu können. Solange das Werkstück fest in der Einspannung fixiert ist, und das maschineninterne Koordinatensystem nicht genullt wird, schneidet die Maschine die gewünschte Geometrie.

4 Fail Safe Design am Beispiel der Muschel

Muscheln und Meeresschnecken gehören zu den Weichtieren, den sog. Mollusken. Die meisten von ihnen bilden Schalen aus, die sie u. a. vor widrigen Lebensbedingungen beschützen. Die Schalen bestehen aus einem Verbundwerkstoff, dessen Hauptbestandteile Calziumcarbonat und Proteine sind. Schnecken bauen vornehmlich ein spiralförmig gewundenes Gehäuse, Muscheln dagegen eine zweigeteilte Schale.

In Abbildung 4.1 wird die grundlegende Anatomie von Muscheln kurz dargestellt.

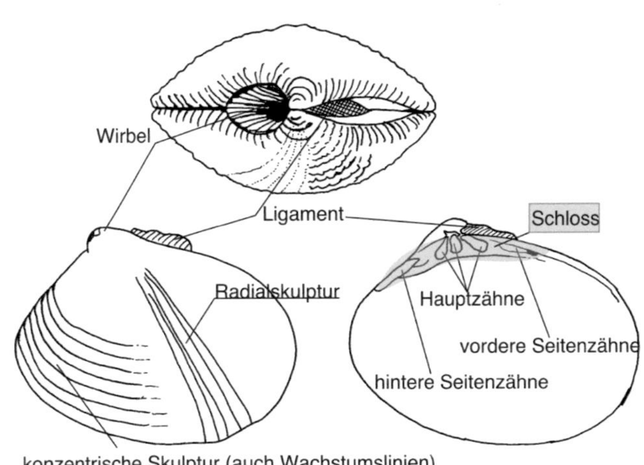

Abbildung 4.1: *Skizze der Muschelanatomie mit den Bezeichnungen der wichtigsten Merkmale. Nach [16]*

Muscheln weisen wie andere Lebewesen in gewissem Maße die Eigenschaft auf, ihre Gestalt den Bedingungen ihres Lebensraumes und damit auch den mechanischen Belastungen, denen sie ausgesetzt sind, anzupassen ([1], [25] S. 47).

Die Anwesenheit von Fressfeinden veranlasst gewisse Muschelarten dazu, im Vergleich zu unbedrohten Artgenossen dickere und dadurch stabilere Schalen zu bilden, die ihnen mehr Sicherheit bieten, z. B. vor den schalenknackenden Brechwerkzeugen von Krabben und Krebsen [20, 38]. Nicht zuletzt macht diese aktive Anpassung Muscheln und Meeresschnecken zu interessanten Studienobjekten zur Untersuchung von Gestaltungsgrundsätzen der Natur für relativ sprödes, druckstabiles Material, wie es in deren Schalen hauptsächlich vorkommt ([16] S. 54).

Abbildung 4.2: Verschiedene Bauformen von Muscheln und Meeresschnecken
A   *Cardium elatum*   B   *Tellina foliacea*
C   *Turbo Guidifordia yoka*

Die Muschelform weist je nach Habitat und vorherrschenden Bedingungen sehr große Variationen auf. Unter mechanischen Gesichtspunkten sind die Spezies am Interessantesten, die sich im Laufe der Evolution an ihre Umgebung angepasst haben und die mechanischen Lasten, denen sie (z. B. durch Fressfeinde) ausgesetzt sind, ertragen können (Abbildung 4.2A), [42].

Weitere Arten versuchen sich vor widrigen Umwelteinflüssen (z. B. Wellenschlag in der Brandungszone, temporäres *Trockenfallen* im Gezeitenbereich) oder den Predatoren zu schützen, indem sie sich im sandigen Meeresboden verstecken (Abbildung 4.2B) und sich über schnorchelartige Fortsätze ernähren (sog. Siphonen [16] S. 286). Eine weitere Art der Abwehr von Fressfeinden ist deutlich bei manchen Meeresschnecken zu sehen, die sich durch Stacheln und dornenartige Auswüchse schützen (Abbildung 4.2C). Oftmals fallen sie so aus dem Beuteschema der Fressfeinde heraus, da sie aufgrund ihrer Größe nicht in die Fresswerkzeuge der Predatoren (Kiefer, Krebsscheren etc.) passen [5, 38].

4.1 Mechanische Beanspruchung der Muschelschalen

Bei Muscheln, deren Fressfeinde mittels Kiefer oder Scheren die Schalen zu Knacken versuchen, lässt sich die zugrundeliegende Belastung mittels Schubviereck erklären (Abbildung 4.3 B). Schutzmechanismen gegen andere Fressmethoden wie z. B. das Abknabbern der Schalenränder oder das Durchbohren der Schalen ([42] S. 94 ff) etc. sind unter dem mechanischen Aspekt der Gestaltoptimierung weniger relevant und werden hier nicht näher untersucht.

Die Kraft zum Knacken der Schale muss im Bereich des höchsten Punktes in etwa senkrecht zur Oberfläche angreifen (4.3 A), da sonst durch die Krümmung ein seitliches Abgleiten auf der Schale hervorgerufen wird. Die Beute rutscht sozusagen dem Jäger aus dem Mund bzw. aus den Scheren. Die zwei Schalenhälften einer Muschel sind am Wirbel scharnierartig verbunden. Das Schloss verhindert mit seiner Verzahnung auch das seitliche Abgleiten und Verdrehen der Schalenhälften aufeinander ([16] S. 279). Da der Muskel der Muschel die Schale nur schließen, aber nicht aktiv öffnen kann, sorgt das Ligament für eine entsprechende Vorspannung. Bei einer Belastung, wie in Abbildung 4.3 A und B dargestellt, fungiert eine Schalenhälfte als mechanisches Gegenlager der anderen.

Durch die angreifende Last **F** in Abbildung wird an der Spitze der Schale, welche im mechanischen Sinn ein Loslager darstellt, eine Schubbelastung erzeugt. Abbildung 4.3 B zeigt vereinfacht die Lastverhältnisse an der Muschelschale, die mit dem Schubviereck anschaulich dargestellt werden können. Der schubinduzierte Druck mündet unter 45° in die andere Hälfte der Schale, die als Gegenlager fungiert.

Daneben wird die Struktur auch durch überlagerte Biegung (Abbildung 4.3 C) und durch circumferentielle Zugspannungen (4.3 D) belastet. In Abbildung 4.3 E_1 sind die circumferentiell verlaufenden Trajektorien der Hauptzugspannung σ_1 als Pfeile dargestellt. Als Ersatzmodell diente hier eine dünnwandige Kugelkalotte, die mittig druckbelastet wurde.

Die äußere Kontur kann mit der Methode der Zugdreiecke nachvollzogen werden (vgl. Abbildung 4.4 bis 4.6).

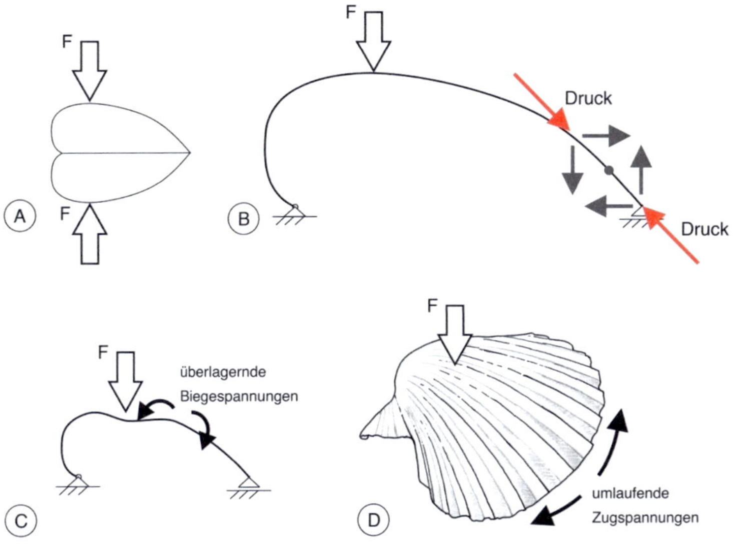

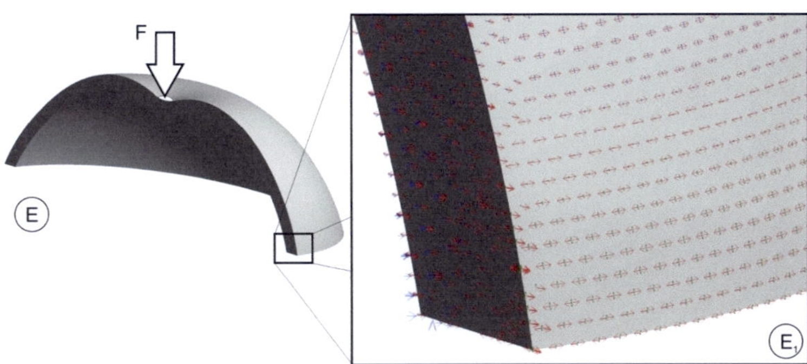

Abbildung 4.3: *Beanspruchung einer Muschelschale bei Belastung, wie sie durch Fressfeinde entstehen kann*

A   Modell beider Schalenhälften
B   Modell einer Schalenhälfte mit Fest-Los-Lagerung
C   Verformung einer belasteten Muschelschale (schematisch)
D   Circumferentielle Zugspannungen bei Belastung (3D-Skizze)
E   Verformung und circumferentielle Zugspannungen (Schnittdarstellung eines vereinfachten 3D-FE-Modells einer belasteten Kugelkalotte)

4.2 Gestalt von Muschelschalen

Bei der Schalenform spielen aber auch andere Faktoren eine Rolle, die ein unter rein mechanischem Gesichtspunkt optimales Ergebnis verhindern. Das Größenwachstum, welches vor allem gestaltähnlich geschieht, bewirkt z. B. die mehr oder weniger spiralförmige Gestalt der Schalen, da der Größenzuwachs stets entlang des Randes stattfindet ([16] S. 277). Bei den Untersuchungen von Muschelschalen stellte sich heraus, dass sich mit der Methode der Zugdreiecke die Form von vielen Muscheln beschreiben lässt. Vor allem solche, bei denen hohe mechanische Lasten vorausgesetzt werden können.

In Abbildung 4.4 bis 4.6 sind am Beispiel zweier Herzmuschelarten (*Cardium orbis (A)* und *Vasticardium burchchardi (B)*) und einer Archenmuschel (*Arca Anadara granosa (C)*) die Zugdreieckskonturen, auch für verschiedene, außermittige Orientierungen (B_2 und C_2 bis C_4), dargestellt.

Dies deutet darauf hin, dass die Methode der Zugdreiecke auch für die Gestaltung von dreidimensionalen, dünnwandige Schalen verwendet werden kann.

Abbildung 4.4: *Die Form von Muschelschalen lässt sich häufig mit der Methode der Zugdreiecke beschreiben. Hier am Beispiel einer Herzmuschel (Cardium orbis)*

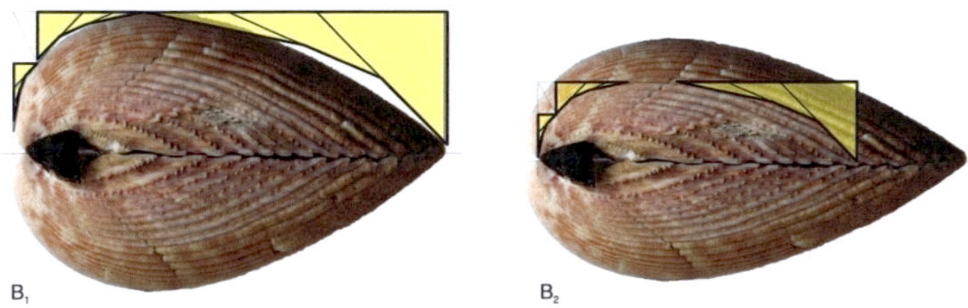

Abbildung 4.5: *Fit der Außenkontur und einer außermittigen Perspektive mit der Methode der Zugdreiecke, Herzmuschel (Vasticardium burchardi)*

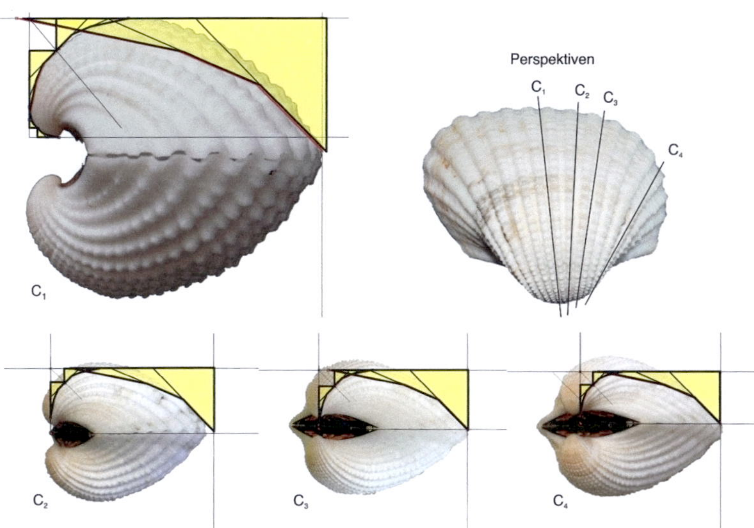

Abbildung 4.6: *Zugdreiecke zur Beschreibung der Muschelkontur entlang der mittigen Kontur und außermittig entlang der einzelnen Rippen, Archenmuschel (Arca Anadara granosa)*

4.3 Risse in Muscheln

Die Rippen von Muschelschalen werden, wegen ihrer radialen Ausprägung vom Wirbel bis zum Schalenaußenrand, Radialskulptur genannt ([16] S. 266). Sie erfüllen mehrere mechanische Funktionen. Zum einen erhöhen sie die Steifigkeit durch die Erhöhung des Flächenmoments. Dies ist der gleiche Effekt, der technisch in Form von Wellblech, Sicken und Verrippungen Verwendung findet [43]. Besonders effektiv ist eine solche Versteifung bei Biegebelastung (s. Abbildung 4.3 C). Zum anderen behindert die Radialskulptur durch ihre mitunter gegenseitige Verzahnung am Schalenrand (in Abbildung 4.8 zu erkennen), ebenso wie das Schloss, ein seitliches Verdrehen der Schalenhälften aufeinander, wenn der kontrahierte Muskel der Muschel diese zusammenhält. Eine weitere Funktion ist eine rissstoppende Wirkung, die an der Radialskulptur von Muschelschalen beobachtet werden konnte.

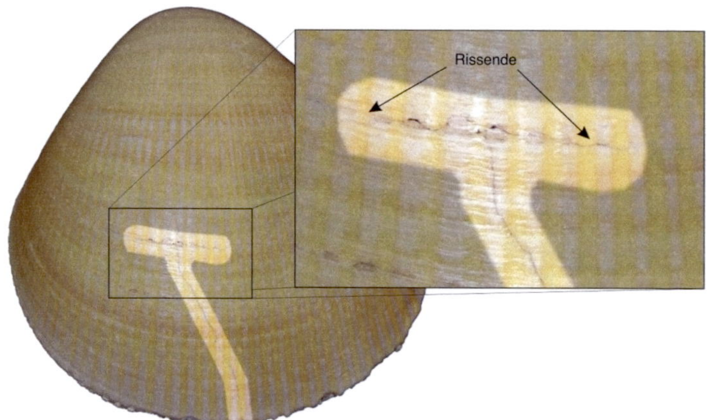

Abbildung 4.7: *An dieser Schale einer Herzmuschel (Cardium elatum) ist der Verlauf eines Risses zu erkennen. Der Riss wird nach der orthogonalen Umlenkung durch die Rippen der Schale gestoppt.*

Abbildung 4.7 zeigt einen Riss in der Schale einer Herzmuschel (*Cardium elatum*). Von der Schalenaußenkante verläuft der Riss etwa radial, bis er sich schließlich waagrecht in beide Richtungen verzweigt. Die anfänglich radiale Ausrichtung des Risses ist den circumferentiellen Zugspannungen entlang des Schalenrandes geschuldet (s. Abbildung 4.3 D&E). Wegen der überlagerten Biegebeanspruchung knickt der Riss anschließend waagrecht nach beiden Seiten ab. Zu dieser Biegebelastung kommt hier noch ein weiterer, materialseitiger Effekt hinzu.

Die Wachstumslinien (s. Abbildung 4.1 und 4.8), die den ehemaligen Schalenrand darstellen, sind oft mechanische Schwachstellen der Schale. Die Muschel lagert zum Größenwachstum intermittierend neues Material nur am Schalenrand an. Der Übergang von der einen Wachstumsphase zur nächsten ist an der Außenseite der Schale oft deutlich als so genannte Wachstumslinien sichtbar und teilweise sogar stufenartig ausgeprägt. An der Innenseite sind solche Übergänge und Stufen nicht zu finden, da dort zusätzliches Material für das Dickenwachstum flächig anlagert wird ([16] S. 161, 277).

In Abbildung 4.8 sind solche stufigen Wachstumslinien (schwarze Pfeile) zu sehen, die, aufgrund des gestörten Materialgefüges und auch wegen der Kerbspannungen, die sie provozieren, Schwachstellen darstellen. Der rote Pfeil markiert diejenige Wachstumslinie an der der Riss in Abbildung 4.7 abknickte.

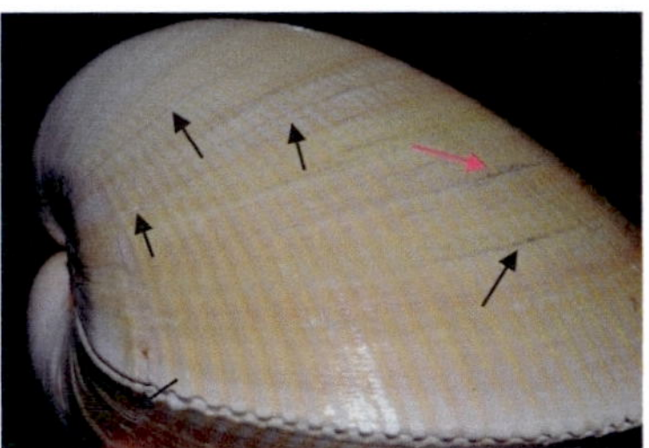

Abbildung 4.8: *Schwarze Pfeile: lokal gestörte Anwachsstreifen (Wachstumslinien). Gleiche Herzmuschel (Cardium elatum) wie in Abb. 4.7 Roter Pfeil: Wachstumslinie, die den Riss abknicken ließ*

In dieser waagrechten Orientierung stößt der Riss nun orthogonal auf das zusätzliche Material an den Rippen der Schale. Diese behindern ein weiteres Wachstum und wirken dadurch als *Riss-Stopper* – Inspiration für eine technische Umsetzung von Riss-Stoppern und -Warnern.

5 Riss-Stopper

Um rissbehaftete oder rissgefährdete Bauteile und Strukturen sicherer zu gestalten wurden im Rahmen dieser Arbeit verschiedene Vorgehensweisen untersucht. Dabei ist das Augenmerk hauptsächlich auf die Gestaltoptimierung gerichtet und weniger auf die werkstoffspezifischen Optimierungen, die technisch z. B. durch Optimierung von Faserverläufen bei Verbundwerkstoffen [37] und in der Natur bei Bäumen durch festeres Holz an hochbelasteten Bereichen vorgenommen werden. Wobei die Natur selten eingleisig nur auf Werkstoff- bzw. Gestaltoptimierung setzt, sondern meist mehrere Aspekte geschickt miteinander kombiniert [40] (Abbildung 5.1).

Abbildung 5.1: *Der Sägeschnitt eines Buchenstammes zeigt unter anderem die starken Zuwächse an Bereichen, die hoher Last ausgesetzt sind. In diesen Bereichen ist das Holz meist auch fester und damit widerstandsfähiger [40]*

Auch bei Muscheln und Meeresschnecken kommen diese beiden Gesichtspunkte zum tragen. Zum einen die Optimierung des Werkstoffes, in dem z. B. die Schichten des lamellaren Aufbaus der Schale in ihrer Orientierung gegeneinander geneigt sein können [7], wie es bei der Meeresschnecke *Strombus Gigas* der Fall ist. Dadurch wird die Bruchzähigkeit deutlich erhöht und das sonst spröde Grundmaterial Calciumcarbonat, das meist als Calcit oder Aragonit vorliegt ([16] S. 54), rissunempfindlicher [14, 18, 33]. Und zum anderen aber auch der bisher wenig erforschte und hier im Folgenden näher betrachtete Aspekt der Gestaltoptimierung, die die lokale Beanspruchung reduziert und damit eventuelle Risse aufhält bzw. von vornherein verhindert. Wie in Kapitel 4 dargestellt, war die Radialskulptur mit ihren Rippen Anregung, Riss-Stopper in Form von Wülsten zu untersuchen.

Grundsätzliche Überlegungen

In den technischen Bereich übertragen sind verschiedene Möglichkeiten denkbar, solche Riss-Stopper zu gestalten.

Für die folgenden Betrachtungen wird stets dasselbe Grundmodell einer gelochten Platte verwendet, um den Einfluß der Maßnahmen besser quantifizieren zu können.

An einem Kreisloch in einer unendlich großen Platte weist die Spannungsüberhöhung (s. Kap. 2.1) den Wert drei auf ([17] S. 28, [35] S. 270). Bei Platten endlicher geometrischer Größe liegt dieser Wert höher.

Werden bei einachsigem Zug die Rissstopper als Wülste entlang der Schwachstelle ausgeführt, ergeben sich Lösungen wie sie in Abbildung 5.2 dargestellt sind. Diese können vom Loch einen gewissen Abstand haben, wenn dies konstruktiv nötig ist.

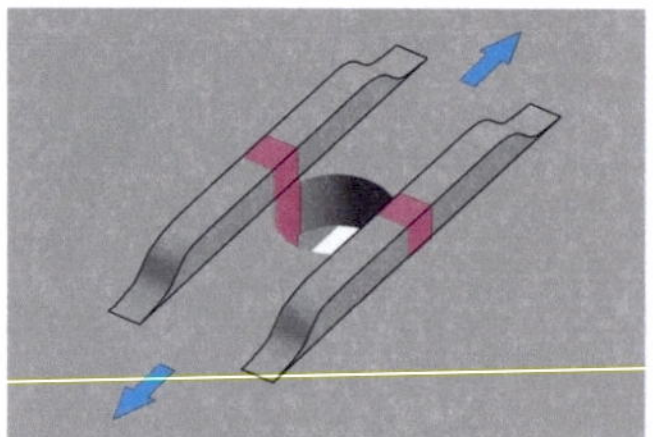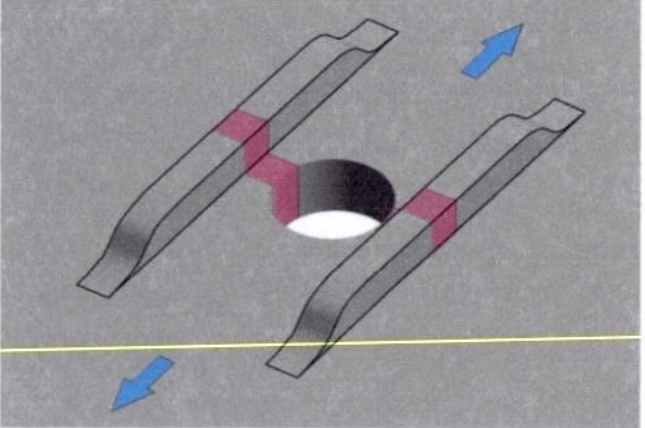

Abbildung 5.2: *Riss-Stopper als Wülste neben einem Kreisloch in Belastungsrichtung. Links: Ausführung direkt an der Bohrung, rechts: mit Abstand*

Die Effekte, die dabei ein Risswachstum bzw. eine Rissinitierung verhindern, sind die gleichen:

- Reduzierung der Nennspannung durch Erhöhung des tragenden Querschnitts

- Reduzierung der Kerbspannung durch lokale Versteifung der Struktur im Bereich der Schwachstelle

Gestaltung der Wulstenden

Die Gestaltung der Wulstenden hat großen Einfluss auf das Ergebnis, da hier der Kraftfluss möglichst ohne schroffe Übergänge umgelenkt werden soll, damit keine neuen lokalen Spannungskonzentrationen auftreten sollen.

Für solche Problemstellungen bietet sich die Methode der Zugdreiecke an. Die Wulstenden wurden sowohl *zuwachsend* als auch *schrumpfend* mit dieser Methode optimiert (s. Kap. 3.2.5). Die zuwachsenden Zugdreiecke vermeiden (neue) ungewollte Kerbspannungen und die schrumpfenden Zugdreiecke eliminieren überflüssiges Material.

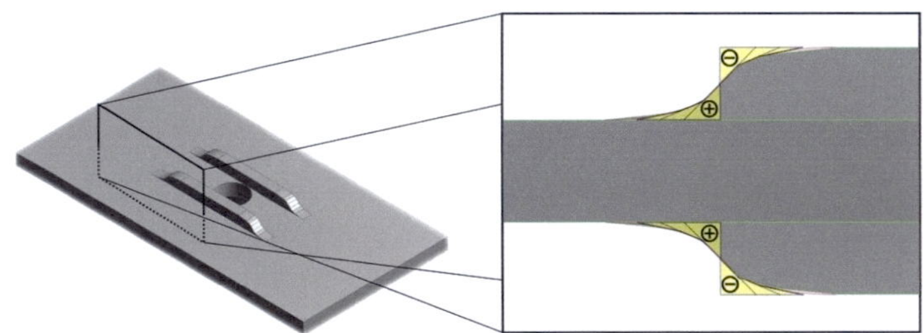

Abbildung 5.3: *Verwendung der Methode der Zugdreiecke zur Gestaltung der Enden der Riss-Stopp-Wülste.*
⊕ zusätzliches Material / ⊖ Materialeinsparung

Mit der Höhe des Wulstes ändern sich auch die Abmessungen der Zugdreieckskonturen. So ist zu beachten, dass bei den Wülsten eine Mindestlänge eingehalten wird, die sich ungefähr aus der doppelten Zugdreieckskontur ergibt (Abbildung 5.4B). Wenn der Wulst zu kurz gestaltet wird

(5.4A), so wird der obere Teil des Wulstes kaum vom Kraftfluss aus-
genutzt; ein großer hellblauer Bereich mit niedriger Vergleichspannung.
Bei ausreichender Wulstlänge verteilt sich die Belastung gleichmäßiger
über den Wulstquerschnitt (5.4C). Die Länge wird einheitlich am Übergang der wachsenden zu den schrumpfenden Zugreiecken gemessen, d. h.
auf mittlerer Höhe der Wülste.

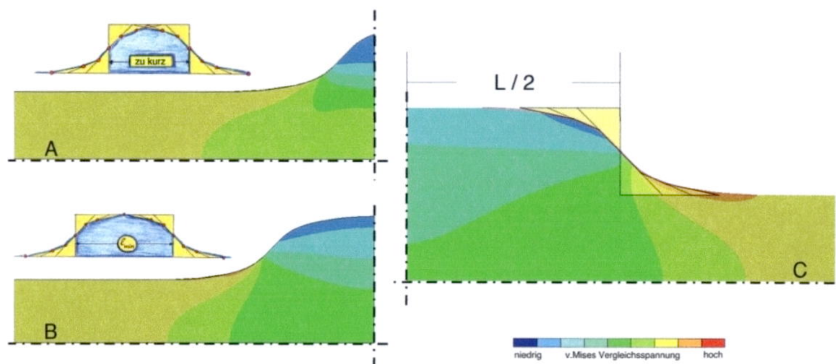

Abbildung 5.4: *Einfluss der Länge von Riss-Stopp-Wülsten auf die v. Mises- Vergleichsspannung*

Varianten der Riss-Stop-Wülste

Sprechen konstruktive oder andere Gründe gegen die Verwendung der oben eingeführten Riss-Stopp-Wülste, so bieten Variationen der Grundidee einen weiten Spielraum. Nur beispielhaft sollen hier zwei Varianten dargestellt werden (Abbildung 5.5), bei denen der lochnahe Mittelteil abgesenkt wurde. Weitere Varianten sind denkbar bei denen nicht die Wulsthöhe, sondern deren Breite verändert wird.

Für die weitere systematische Untersuchungen wurden solche Varianten jedoch nicht weiter betrachtet.

In Kapitel 5.2 wird dann sowohl rechnerisch, als auch experimentell gezeigt, dass auch diese Varianten wirksam die Spannungen reduzieren.

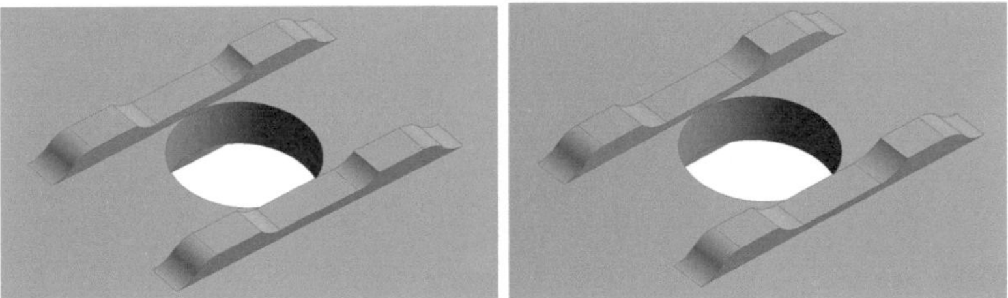

Abbildung 5.5: *Varianten der Riss-Stopper, bei denen der lochnahe Mittelteil abgesenkt wurde*

Varianten für wechselnde bzw. allgemeine Belastungsrichtungen

Die Riss-Stopper-Wülste für einachsigen Zug stoßen bei unbekannter bzw. wechselnder Belastungsrichtung an ihre Grenzen. Daher sind weitere Variationen sinnvoll, die in alle Richtungen die oben aufgeführten Effekte der Versteifung und des Nennspannungsabbau erfüllen. Dazu werden die Wülste z. B. rotationssymmetrisch um das Kreisloch ausgeführt. Hierbei sind wiederum verschiedene Varianten möglich. Abbildung 5.6 gibt einen Einblick in die Vielfalt weiterer Gestaltungsmöglichkeiten von solchen *Ring-Wülsten*. Allen gemein ist die optimierte Kraftanbindung mittels der Methode der Zugdreiecke.

In anderen Bereichen, wie z.B. bei der form- und gussgerechten Gestaltung, wird seit langem an vorgesehenen Kreislöchern eine ähnliche, allerdings nicht gestaltoptimierte, Gestaltung gewählt. Diese hat aber oft einen anderen Zweck, als die hier dargestellte Rissbehinderung. Gerade bei gussgerechter Gestaltung ist eine Bearbeitungszugabe zu berücksichtigen, die für eine spanende Nachbearbeitung genügend Material vorhält.

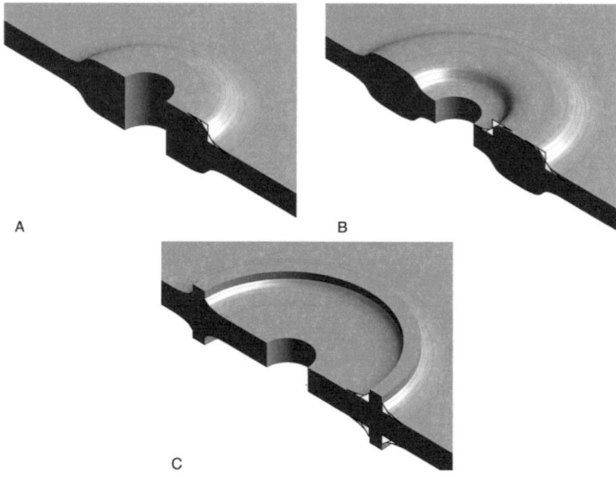

Abbildung 5.6: Rotationssymmetrisch ausgeführte Varianten der Riss-Stopper für unbekannte oder wechselnde Belastungsfälle

5.1 Finite Elemente Rechnungen

Um die Wirksamkeit der Riss-Stopp-Wülste zu untersuchen, wurden Analysen mittels der Finiten-Elemente-Methode durchgeführt. Dabei wurde der Einfluss verschiedener Parameter (wie z. B. Länge, Breite und Höhe der Wülste) variiert. Ziel war es nicht, eine allgemeingültige, für alle denkbaren Belastungsfälle optimale Form zu finden, da hierbei letztendlich immer die Randbedingungen des realen Lastfalls und der Bauteilgeometrie berücksichtigt werden müssen. Vielmehr sollen die Auswirkungen der geometrischen Abmessungen auf die Spannungssituation anhand eines einfachen Beispiels dargestellt werden.

Als Beispielgeometrie dient hierbei eine gelochte Platte aus homogenem, isotropen Material. Die Rechnungen wurden rein elastisch und mit kleinen Verformungen durchgeführt. Das Superpositionsprinzip der linearelastischen Mechanik und die Normierung der (Rechen-)Ergebnisse lassen es zu, die Erkenntnisse in den jeweiligen Lastfall zu übertragen.

Die geometrischen Abmessungen der Platte sind:

- Länge: $200\,mm$
- Breite: $100\,mm$
- Dicke: $5\,mm$
- Lochdurchmesser: $10\,mm$

Da die Platte Symmetrien aufweist, die sich durch geeignete Lagerbedingungen ersetzen lassen, kann die Platte als Achtelmodell abgebildet werden. Dadurch sinkt der Rechenaufwand bzw. bei gleichem Rechenaufwand ist eine höhere Genauigkeit der Rechnungen möglich. Das verwendete Netz wurde in den interessierenden Bereichen so fein gewählt, dass die Ergebnisse als netzunabhängig angesehen werden können.

Aussagekräftige Ergebnisse liefern Rechnungen, wenn man die jeweiligen Spannungsüberhöhungen im höchstbelasteten Bereich (dem Kreisloch) betrachtet. Die Spannungsüberhöhung wird hier in allen Fällen als Brutto-Spannungsüberhöhung $K_t = K_{tb}$ betrachtet, die wie in Kap. 2.1 angeführt, für eine unendlich große Platte den Wert 3 annimmt. Da hier die geometrischen Abmessungen der Basisplatte unverändert bleiben,

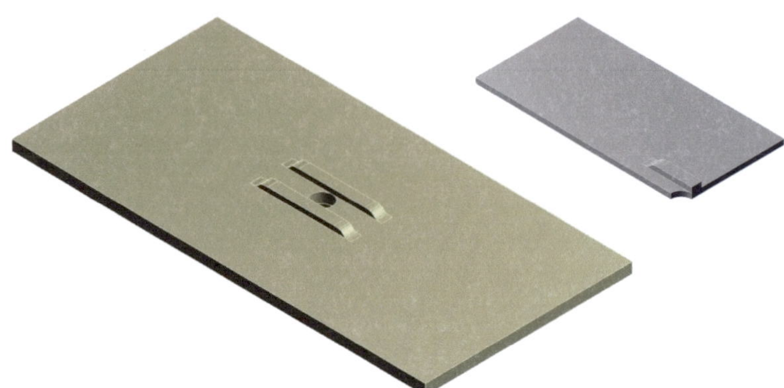

Abbildung 5.7: *Lochplatte mit Riss-Stopp-Wülsten an der Ober- und (nicht sicht-bar) an der Unterseite. Daneben das äquivalente Achtelmodell, welches für die Analysen genutzt wurde*

lässt sich K_{tb} einfach in die Netto-Spannungsüberhöhung umrechnen $K_{tn} = K_{tb} \cdot \frac{Breite - Lochdurchmesser}{Breite} = 0,9 \cdot K_{tb}$ (s. Gleichung 2.19).

Als Referenz wurde eine Platte ohne Wülste betrachtet, die eine Spannungsüberhöhung von $K_t = 3,10$ aufweist.

Abbildung 5.8 zeigt den Spannungsverlauf entlang der Lochinnenseite (Mitte). Das Maximum befindet sich in Zugrichtung links (bzw. rechts) am äußersten Punkt der Lochmitte (*Drei- und Neun-Uhr-Stellung*). Die Referenzlochplatte wurde hier einer Platte mit Riss-Stopp-Wülsten gegenübergestellt, die $2,5\,mm$ hoch, $5\,mm$ breit und $40\,mm$ lang waren.

Die Spannungsüberhöhung geht hierbei von $K_t = 3,10$ auf $K_t = 2,14$ zurück. Eine Reduktion von über $30\,\%$.

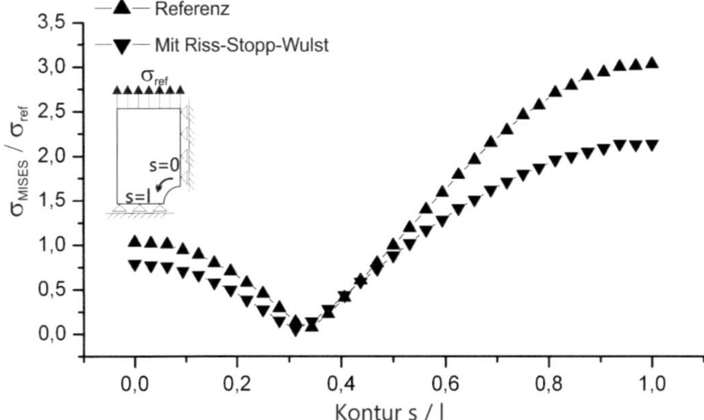

Abbildung 5.8: *Spannungsverlauf entlang der inneren Kante einer gelochten Platte mit und ohne Riss-Stopp-Wülste*

5.1.1 Einfluss der Wulstlänge auf die Spannungsüberhöhung

Oben wurde die Mindestlänge der Wülste in der Hinsicht betrachtet, dass für die Kontur der Zugdreiecke genug Raum eingeräumt wird, damit der gesamte Querschnitt der Zusatzwülste genutzt werden kann. Bei einer Wulsthöhe von $2,5\,mm$ ergibt sich die Minimallänge somit zu ungefähr dem Doppelten der Zugdreieckskontur-Längsseite, $L_{min} = 2 \cdot 1,25 \cdot 3,32\,mm = 8,3\,mm$.

Nun soll anhand der Rechnungen geklärt werden, wie sich die Länge der Riss-Stopper bei einem Kreisloch bestimmter Größe auswirkt. Die Bohrung hat einen Durchmesser von $10\,mm$. Als Wulstgröße wurde für diese Untersuchung ein rechteckiger Querschnitt von $2,5\,mm$ Höhe und $5\,mm$ Breite gewählt. Dies bedeutet, dass die Plattendicke an den Stellen der Wülste sich auf insgesamt $10\,mm$ verdoppelt.

Abbildung 5.9 zeigt deutlich, dass die Mindestlänge aus Abbildung 5.4 nicht das volle Potential der Riss-Stopp-Wülste ausnutzt. Neben der v. Mises–Vergleichsspannung ist auch die Hauptnormalspannung σ_1 an-

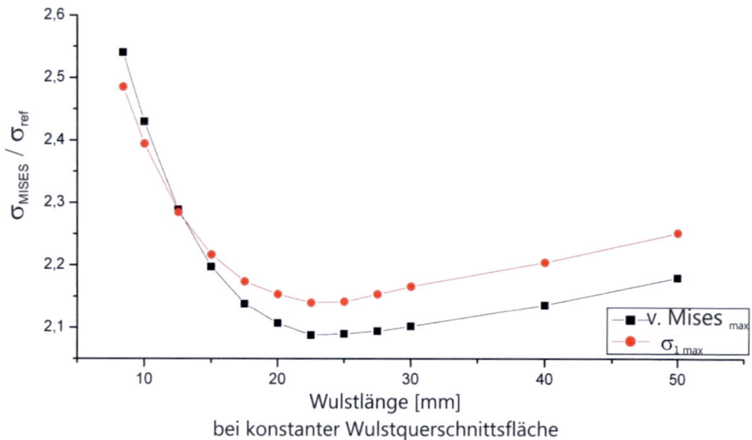

Abbildung 5.9: *Spannungsüberhöhung in Abhängigkeit der Wulstlänge, bei sonst gleichbleibender Geometrie*

gegeben. Die Spannungsüberhöhung beträgt bei Minimallänge mit $K_t = 2,54$ noch ca. $82\,\%$ der Referenzplatte.

Die maximale Spannungsreduktion ist für diese Wulstquerschnittform bei einer Wulstlänge in einem Bereich von 20 bis $30\,mm$ mit einem $K_t = 2,09$ bis $2,11$ festzustellen. Eine Reduktion auf ca. $67\,\%$ bzw. $68\,\%$ des Referenzdesigns. Werden die Wülste länger, dann steigt die maximale Spannung wieder an, da sie die Struktur eher global als lokal im Bereich des Kreisloches entlasten.

Als Faustformel kann in diesem Fall somit gelten, dass der doppelte bis dreifache Durchmesser des Kreisloches als Länge für die Rissstoppwülste die besten Ergebnisse liefert.

5.1.2 Einfluss der Querschnittsform auf die Spannungsreduktion

Ein weiterer Parameter, der Einfluss auf die Spannungsüberhöhung hat, ist die Form des Wulstquerschnitts. Bei gleicher Querschnittsfläche ist ein Unterschied feststellbar, ob ein hoher, schmaler oder ein breiter, niedriger Wulst vorliegt.

Dieser Effekt ist in Abbildung 5.10 zu sehen. Dargestellt ist die Spannungsüberhöhung (v. Mises–Vergleichsspannung und Hauptnormalspannung σ_1) über die Wulstbreite. Die Querschnittsfläche beträgt stets $9\,mm^2$, d. h. die Wulsthöhe variiert somit ebenfalls zwischen 1 und $9\,mm$. Ein quadratischer Querschnitt des Riss-Stoppers hat demnach die Maße 3 mal $3\,mm$. Durch die konstante Fläche sollte der Einfluss auf die Nennspannung bei allen Varianten gleich sein.

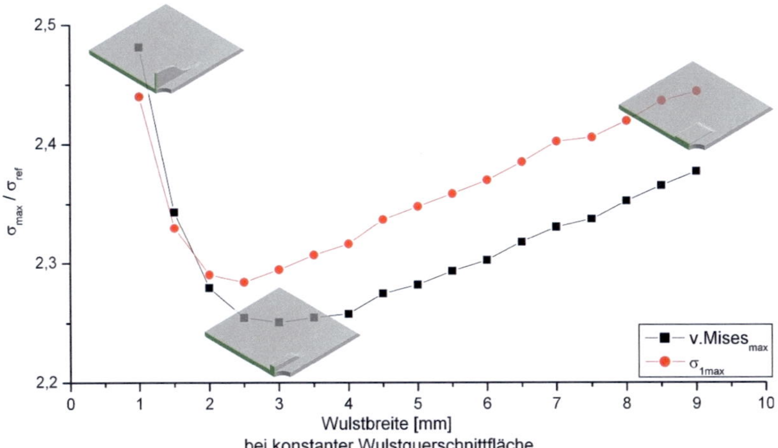

Abbildung 5.10: *Spannungsüberhöhung in Abhängigkeit der Wulstbreite bei gleichbleibender Querschnittsfläche von* $9\,mm^2$

Deutlich zu erkennen ist, dass die Werte für die Spannungsüberhöhung mit zunehmender Wulstbreite zuerst abnehmen, bei ungefähr quadratischen Querschnitten am niedrigsten sind und dann wieder ansteigen.

Die Werte bzgl. der v. Mises-Vergleichsspannung liegen zwischen $2,48$ für den hohen, schmalen Wulst und $2,25$ für den Quadratischen (Tabelle 5.1, gerundete Werte).

Maß	Spannungsüberhöhung				Maß
	v. Mises		σ_1		
	hochkant	quer	hochkant	quer	
1*9	2,48	2,38	2,44	2,44	9*1
1,5*6	2,34	2,30	2,33	2,37	6*1,5
2*4,5	2,28	2,27	2,29	2,34	4,5*2
3*3	2,25		2,29		3*3

Tabelle 5.1: *Spannungsüberhöhung bei verschiedenen Wulstquerschnittsformen*

Wenn die Lage der Wülste der maßgebliche Einfluss auf die Versteifung und somit auf die Spannungsreduktion wäre, so müssten die Werte für K_t kontinuierlich mit zunehmender Wulstbreite sinken, da das Flächenträgheitsmoment eines hohen, schmalen Riss-Stoppers bei Biegung um die Hochachse geringer ist als bei einem breiten, flachen ([4] S. 136 ff).

Die niedrigsten Werte sind bei ungefähr quadratischem Querschnitt feststellbar, d. h. dass sich viel Material in der Nähe des höchstbelasteten Punktes befindet. Bei den breiten, flachen bzw. hohen, schmalen Wülsten ist das zusätzliche Wulstmaterial z. T. weiter entfernt. Dies könnte der maßgebliche Einfluss auf die Spannungsüberhöhung sein, sowohl den Nennspannungsabbau als auch die Lochversteifung betreffend.
Eine unmittelbare Superponierung der Biegesteifigkeit der Wülste auf die Versteifungswirkung am Kreisloch und somit auf den Spannungsabbau ist demnach nicht gegeben.

5.1.3 Spannungsreduktion bei Ringwülsten

Die auf Seite 49 eingeführten Ring-Wülste bewirken ebenfalls eine Spannungsreduktion. Diese ist sehr abhängig von der gewählten Variante. Abbildung 5.11 zeigt die Spannungsverteilung von σ_1 an Achtelmodellen der obigen Beispiele.

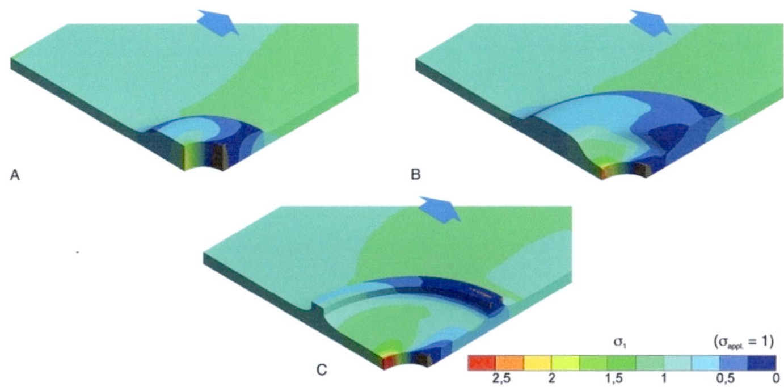

Abbildung 5.11: *Spannungsverteilung (σ_1) von rotationssymmetrisch ausgeführten Varianten der Riss-Stopper*

Die Referenzplatte mit unverstärktem Kreisloch hatte eine Spannungsüberhöhung $K_t = 3,10$. Variante A der Ringwülste weist mit $K_t = 1,90$ einen niedrigeren Wert auf, als die Riss-Stopp-Wülste der obigen Untersuchungen. Ein direkter Vergleich ist jedoch nicht aussagekräftig, da die rotationssymmetrische Variante z. T. mehr Material aufweist und so einen stärkeren Einfluss auf die Nennspannung hat, als die gerade Wulstform. Version B hat mit $K_t = 2,33$ einen höheren Wert, da hier der volle Wulstquerschnitt weiter vom Kreisloch entfernt ist. Mit $K_t = 2,94$ ist Variante C bzgl. der Rissinitiierung nicht sonderlich effektiv, jedoch wird in Kapitel 5.4 der Nutzen einer solchen Art von Riss-Stopp-Wülsten als Riss-Warner untersucht.

Bei allen drei hier exemplarisch untersuchten Variationen wirken, wie bei den geraden Wülsten, sowohl die Nennspannungminderung durch das zusätzliche Material der Wülste als auch die versteifende Eigenschaft der Ringwülste, der Spannungskonzentration am Kreisloch entgegen.

5.2 Versuchverifikation

Zur Verifikation der rechnerischen Ergebnisse wurden Schwingversuche [9] durchgeführt.

Der Lastbereich reichte von $F_u = 4,4\,kN$ bis $F_o = 44\,kN$. Die für die Bestimmung der Nennspannung nötige Fläche ergibt sich aus Breite und Dicke des Probenkörpers:
$A = (60\,mm - 15\,mm) \cdot 5\,mm = 225\,mm^2$

Daraus folgt:

- Oberspannung: $\sigma_o = \frac{F_o}{A} = 196\,MPa$

- Unterspannung: $\sigma_u = \frac{F_u}{A} = 19,6\,MPa$

- Mittelspannung: $\sigma_m = \frac{\sigma_o + \sigma_u}{2} = 107,8\,MPa$

- Ruhegrad: $r = \frac{\sigma_m}{\sigma_o} = 0,55$

- Spannungsverhältnis: $s = \frac{\sigma_u}{\sigma_o} = 0,1$

Die Schwingspielfrequenz lag bei $20\,Hz$. Als Abbruchkriterium wurde eine Weggrenze von ca. $0,25\,mm$ festgelegt. Probenmaterial war Messing (CuZn39Pb3, Werkstoffnummer: CW614N, *MS58*), welches sich durch seine gute spanbare Bearbeitung auszeichnet.

Die zugschwellende Beanspruchung ließ die verschiedenen Probengeometrien früher oder später versagen. Lediglich bei der Probe mit den optimierten, direkt am Loch angebrachten Riss-Stopp-Wülsten (Abbildung 5.12 G) setzte kein Versagen ein. Der Versuch wurde nach 6,5 Millionen Lastzyklen abgebrochen. Dies bedeutet eine Steigerung der Lebensdauer um einen Faktor größer 22.

Die beiden Proben mit nicht optimierter Wulstanbindung (Abbildung 5.12 B & C) sind bei relativ geringen Lastspielzahlen versagt. Das Kreisloch wurde dabei durch die Riss-Stopper effektiv verstärkt, jedoch bildeten die schroffen Wulstkanten neue lokale Spannungsüberhöhungen, die das Versagen an diesen Stellen provozierten. Gegenüber der unverstärkten Refenzprobe erzielten die Proben eine $1,2-$ bzw. $2,5-$fache Lebensdauer.

Mit optimierten Riss-Stoppern versagten die Proben wesentlich später bzw. gar nicht. Das Loch mit etwas ferneren Wülsten versagte an den Stellen, die auch in den Rechnungen die höchste Spannungsüberhöhung zeigten, nämlich in der Mitte des Kreislochs. Diese Probe hatte immerhin eine Lebensdauer, die $8,3-$mal so hoch war wie die der Referenzloch-platte.

5.2.1 Vergleichende Betrachtungen

In Abbildung 5.13 sind die rechnerisch ermittelten Spannungsüberhö-hungen der Probengeometrien aus Kap. 5.2 den experimentell ermittel-ten Lastspielzahlen zugeordnet. Die logarithmische Darstellung, analog zum *Wöhler-Diagramm*, zeigt den großen Einfluss einer kleinen Reduzie-rung der Maximalspannung auf die Lebensdauer der Probe. Die Berech-nung der Spannungüberhöhung erfolgte auf die gleiche Weise wie in Kap. 5.1, da jedoch die Probenabmessungen durch den Versuchsaufbau vor-gegeben waren, wurden die Finite-Elemente-Modelle entsprechend den Proben angepasst.

Für die nichtoptimierten Riss-Stopper (Abbildung 5.12 B & C, Abbil-dung 5.13 ◊) ist eine rechnerische Ermittlung der Maximalspannung nicht genau möglich, da der schroffe Geometrieübergang an den Wulst-enden, nicht ausreichend genau simuliert werden kann. Die rechnerische Analyse ermittelt höhere Spannungen als tatsächlich auftreten, da in Wirklichkeit aufgrund des endlichen Werkzeugradius bei der Fertigung nie ein geometrisch perfekter orthogonaler Übergang möglich ist, wie er im Rechenmodell modelliert wurde. Die FE-Analyse zeigt jedoch, dass sich die Maximalspannung an eben diesen Übergängen befindet, an de-nen auch das Versagen einsetzte. Das Kreisloch hingegen erfährt eine ähnliche Entlastung wie bei den optimierten Riss-Stoppern.

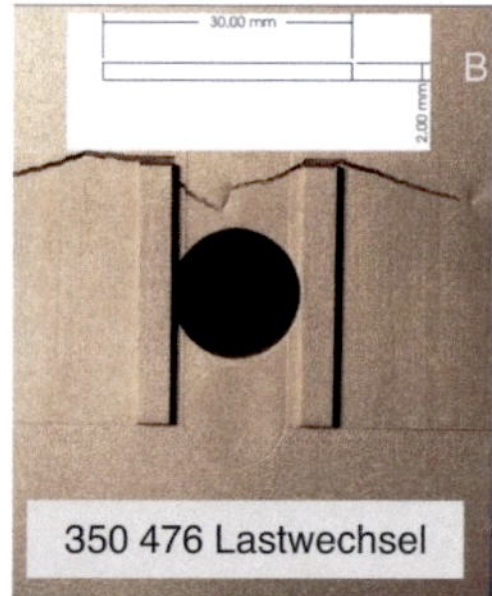

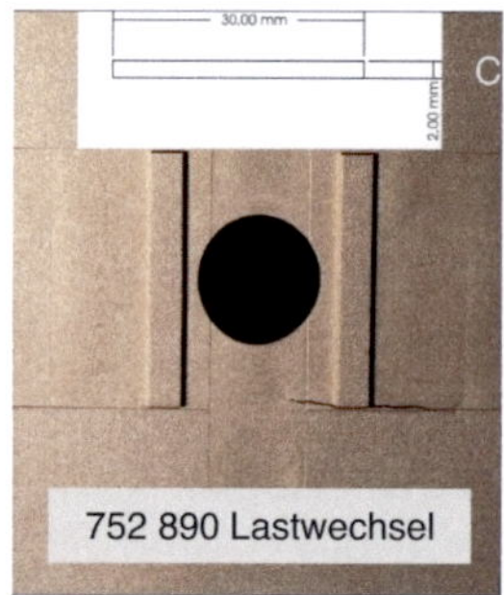

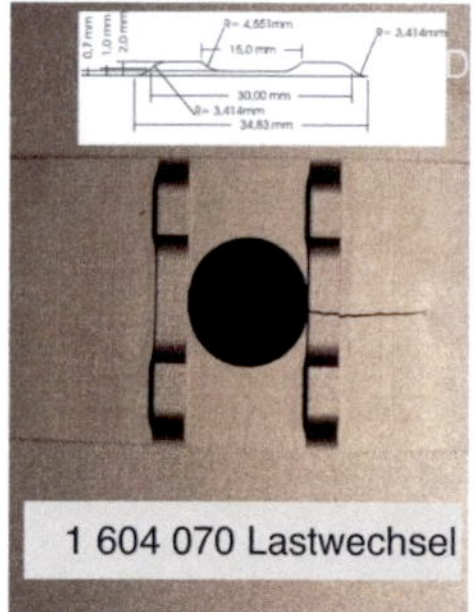

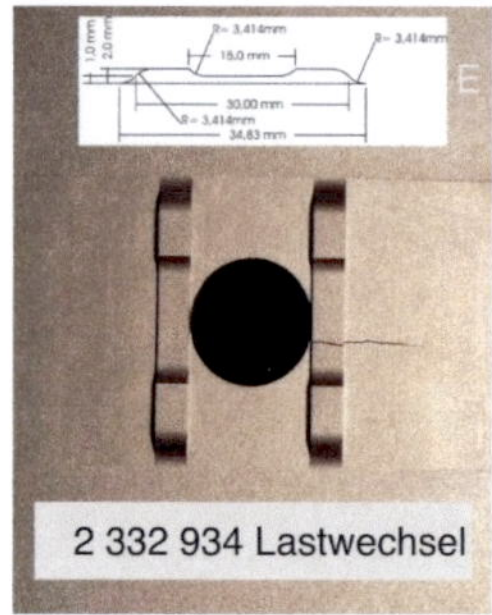

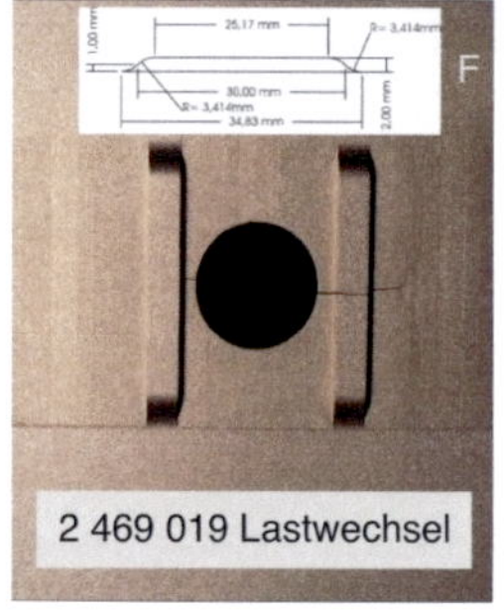

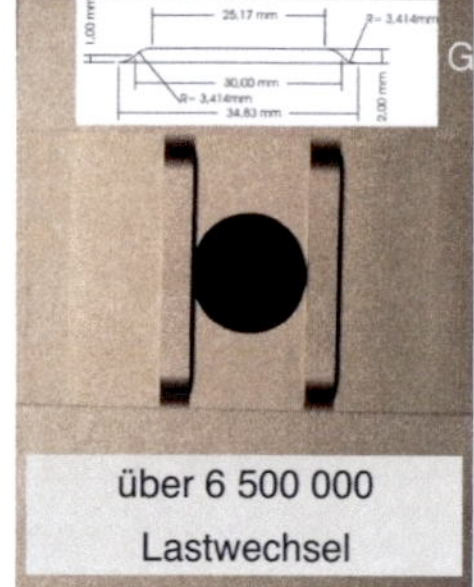

Abbildung 5.12: *Beispiele versagter Messingproben (MS58) nach schwingender Belastung (zugschwellend). Versuch: Dr. K. Bethge*

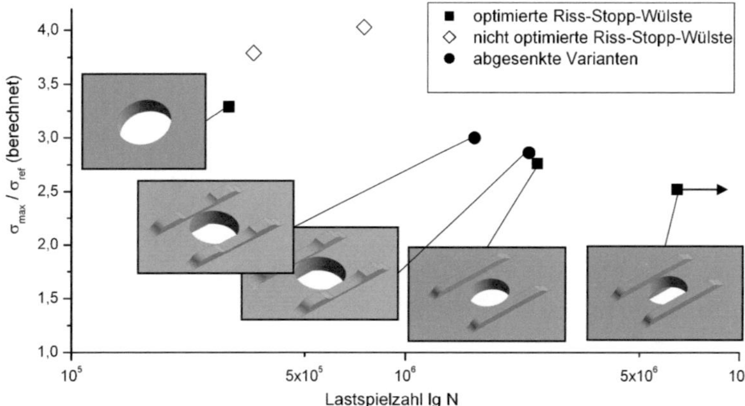

Abbildung 5.13: *Logarithmische Auftragung der Lastspielzahl in Abhängigkeit der errechneten Spannungsüberhöhung*

5.3 Grenzen der Riss-Stopp-Wülste

Die Ergebnisse der Rechnungen und Versuche betrachten bisher immer auf beiden Seiten der Platte, symmetrisch angebrachte Riss-Stopp-Wülste.

Bei einseitiger Anbringung jedoch bewirken die Riss-Stopper eine einseitige Versteifung, die bei Belastung zu einer überlagerten Biegung führt. Diese wiederum führt an der unverstärkten Seite zu zusätzlichen Zugspannungen. Je nach Wulstgeometrie sind so Spannungsüberhöhungen am Kreisloch sogar höher als bei der unverstärkten Kreislochplatte ohne Riss-Stopper.

Für die Rechnung in Abbildung 5.14 wurden die selben Platten- und Wulstabmessungen wie bei Abbildung 5.8 verwendet. Am Kreisloch der Referenzplatte herrschte eine Spannungsüberhöhung von ca. 3, 1. Aufgrund der Riss-Stopper sank dort die Spannungsüberhöhung um ca. 30 % auf 2, 14.
Hier verursacht die Belastung **F** eine Nennspannung von $\sigma_n = 1\,MPa$. Die maximal auftretende Hauptnormalspannung σ_{1max} beträgt auf der Zugseite der Kreisloches ca. $3, 05\,MPa$. Wird die Wulsthöhe verdoppelt, so ist im Vergleich zu dem Beispiel aus Abbildung 5.8 die belastete Querschnittsfläche gleich groß. Somit fällt der Einfluß des Nennspannungsunterschieds weg und nur die unerwünschte überlagerte Biegung aufgrund der einseitig angebrachten Verstärkungen kommt zum Tragen. Die Maximalspannung beträgt in diesem Falle sogar $3, 28\,MPa$. Die einseitigen, unsymmetrisch angebrachten Riss-Stopp-Wülste bewirken somit sogar einen Anstieg der Spannungsüberhöhung um ca. 6 %.

		σ_{1max}	relativer Spannungsabbau
unverstärkte Lochplatte		3,1	100 %
beidseitige Riss-Stopper		2,14	69 %
einseitige Riss-Stopper	einfache Höhe	3,05	98,4 %
	doppelte Höhe	3,28	105,8 %

Tabelle 5.2: *Übersicht der Maximalspannung bei einseitiger und symmetrischer Anbringung der Riss-Stopp-Wülste*

Die einseitig angebrachten Riss-Stopp-Wülste können demnach die spannungsreduzierende Absicht ad absurdum führen, da die überlagerte Biegung für neue Spannungsüberhöhungen auf der Zugseite der Biegung sorgt. Je nach Wulstgeometie ist dieser Effekt unterschiedlich stark ausgeprägt. Es sind also entweder diese Biegespannungen montagebedingt zu unterdrücken oder symmetrische Wülste zu platzieren.

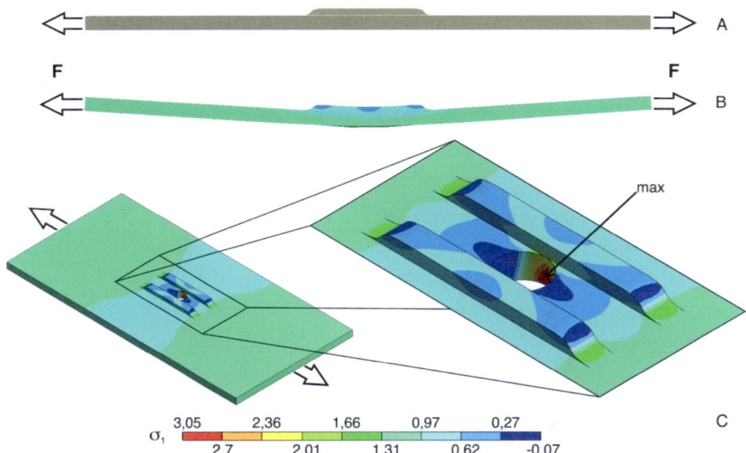

Abbildung 5.14: *Einseitig angebrachte Wülste haben einen negativen Effekt auf die Spannungsverteilung.*

    A   unbelastetes Vollmodell in der Seitenansicht

    B   Verformungsbild des belasteten Vollmodells in der Seitenansicht (ca. 10000-fach überhöht)

    C   FE-Plot der Hauptnormalspannung σ_1 mit Detailausschnitt

5.4 Riss-Warner

Wenn die Wülste nicht direkt neben der Schwachstelle platziert werden, sondern mit etwas Abstand, wie in Abbildung 5.2 rechts, so können sie sowohl eine Funktion als Riss-Stopper, als auch (z. B. bei entsprechender Lackierung mit Reißlack) als Riss-Warner übernehmen, d. h. auf einen vorhandenen und unter Umständen gefährlichen Riss rechtzeitig hinweisen.

Der Einfluss auf die Spannungsüberhöhung ist bei einer solchen Variante nicht mehr so groß wie vorhin. Dies bedeutet, ein Riss kann bei Ermüdungsbeanspruchung früher entstehen als bei den unmittelbar neben der Schwachstelle angebrachten Wülsten.
Das zusätzliche Material setzt jedoch dem weiteren Rissfortschritt einen höheren Widerstand entgegen, so kann die stabile Rissausbreitung entweder gestoppt oder zumindest stark verlangsamt werden. Dadurch kann der Riss noch in seiner stabilen Wachstumsphase entdeckt und das entsprechende Bauteil entweder ausgetauscht oder anderweitig instandgesetzt werden. Denkbare Anwendungsfelder sind überall dort zu suchen, wo es weniger auf dauerfeste als auf zeitfeste Lösungen ankommt, d. h. dass nur eine bestimmte Anzahl an Lastzyklen gefordert ist.

Die Riss-Warner bieten durch ihre Gestaltung die Möglichkeit Ermüdungsrisse in einem unterkritischen, ungefährlichen Stadium zu entdecken, indem sie das Risswachstum erst nach Erreichen einer bestimmten Länge stoppen bzw. verzögern, ohne dass die Betriebssicherheit unmittelbar darunter leidet.
Für die Rissdetektion bieten sich verschiedene Verfahren an, auf die hier im Rahmen dieser Arbeit nicht weiter eingegangen werden soll. Bei fast allen Verfahren ist jedoch eine Rissmindestlänge erforderlich, die nötig ist, um sie sicher zu detektieren.

Dabei sind, wie in der etablierten Rissbewertung üblich, die Untersuchungsintervalle so zu wählen, dass ein bisher unendeckter Riss bis zur nächsten Inspektion auf keinen Fall eine kritische Größe erreichen kann und so kein unvorhergesehenes Versagen eintreten kann.

Hier versprechen die Riss-Stopper & Warner einen deutlichen Vorteil, da die Wülste so gestaltet werden können, dass sie die stabile Rissausbreitung erst ab einer bestimmten Mindestlänge verlangsamen und so ein detektierbarer, unterkritischer Riss rechtzeitig entdeckt werden kann.

Das Versagen der mechanisch belasteten Struktur wird dadurch nicht zwangsläufig verhindert, aber in dem Maße verzögert, dass geeignete Gegenmaßnahmen ergriffen werden können.

Kerbnahe Wülste zielen also eher auf die Rissinitiierung, kerbferne auf die Risswachstumsphase und damit auf die Stopper-Warner-Funktion ab.

6 Riss-Umlenkung

Um vorhandene (Ermüdungs-)Risse zu stoppen wird in der Praxis manchmal, wenn der Riss bzw. dessen Spitze z. B. überhaupt zugänglich ist, ein Loch direkt an der Rissspitze gebohrt ([6] S. 144, s. auch Abbildung 6.14). Dadurch wird der Kerbradius des Risses vergrößert und dessen Kerbwirkung in der Absicht reduziert, den Riss zum Stillstand kommen zu lassen bzw. nicht erneut zu initiieren. Eine solche Abschlussbohrung wird auch oft konstruktiv von vornherein eingeplant, wenn z. B. bei einem Schlitzende mit Risswachstum zu rechnen ist.

Grundlegend für die folgenden Überlegungen ist das *Schubviereck*. In Abbildung 3.2 wurde schon das Abknicken eines Risses unter *Mode II*-Belastung dargestellt.

Am Ende eines auf *Mode I* belasteten Schlitzes entstehen durch die schroffe Kraftflussumlenkung hohe Kerbspannungen, die einen Riss initiieren können. Bei einem Riss ist aufgrund des noch geringeren Kerbradius die Kraftflussumlenkung noch schroffer und die Kerbwirkung dementsprechend höher (s. Seite 14).

Werden an dem Ende eines solchen Schlitzes die Schubvierecke eingezeichnet (Abbildung 6.1 links), so erkennt man den schubinduzierten Zug bzw. Druck im 45°-Winkel zum Schlitz. Das Schubviereck des oberen und des unteren Bereichs sind bei solch einem Schlitz so nah aneinander, dass sie sich gegenseitig aufheben und sich ein möglicher Riss nach Mode I bildet.

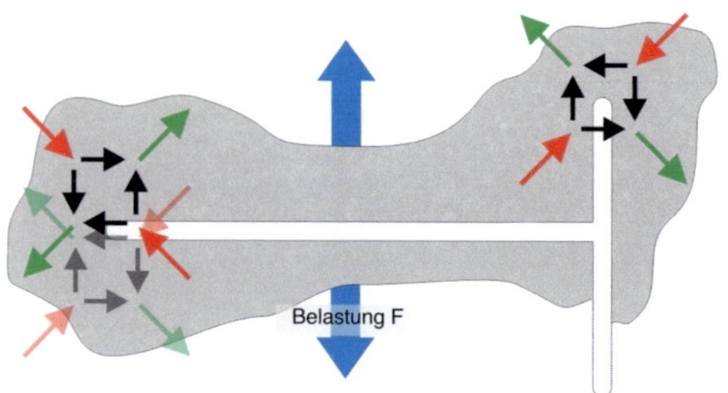

Abbildung 6.1: *Schubviereck am Ende eines Schlitzes*

Bei gleicher Belastungsrichtung kann man an einem senkrecht stehenden Schlitz, der am Ende des waagrechten eingebracht ist, ein analoges Schubviereck einzeichnen (Abbildung 6.1 rechts). Durch die Schubbelastung am Schlitzende würde ein Riss seitlich ausbrechen, wie in Abbildung 3.2B dargestellt.

An dieser Stelle sei erwähnt, dass im Folgenden, wenn nicht ausdrücklich aufgeführt, Risse wie Schlitze behandelt werden. Dies hat v. a. zwei wichtige Gründe:

- Schlitze und deren Enden können in FE-Rechnung genau definiert werden, wohingegen Rissspitzen nicht ohne weiteres kontinuumsmechanisch simuliert werden können (vgl. Seite 15)

- Bei der Probenfertigung zur Verifikation der Rechenergebnisse sind Schlitze viel genauer und reproduzierbarer herzustellen, als rissbehaftete Strukturen

Betrachtet man jedoch anstelle des senkrechten Schlitzes (Abbildung 6.1 rechts) die Spitze eines Schlitzes mit Zugdreieckskontur (Abbildung 6.2A), so stellt man fest, dass das Schubviereck den schubinduzierten Zug in Schlitzrichtung angibt und der zugehörige Druck genau auf die Spitze wirkt [30]. Werden nun zwei dieser Zugdreieckskonturen, wie in Abbildung 6.2B, am Ende eines Schlitzes angebracht, so liegt an den neuen Schlitzenden jeweils längs Zug und quer dazu Druck an. Die neu-

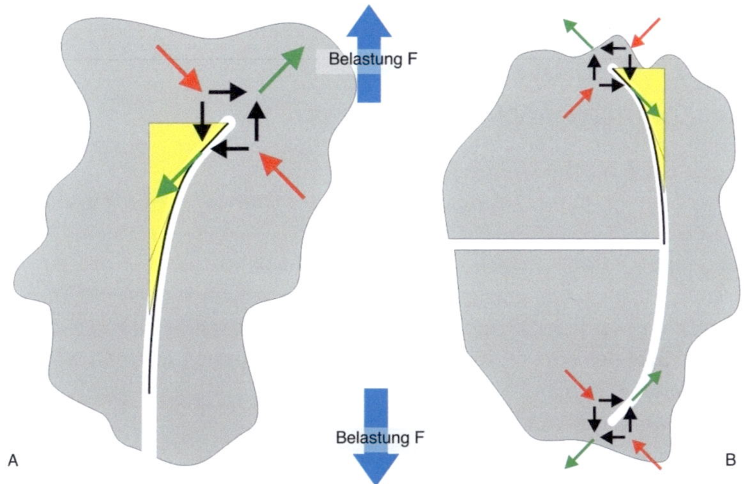

Abbildung 6.2: A Schubviereck am Ende einer in Zugrichtung verlaufenden Zugdreieckskontur

B Kombination zweier Zugdreieckskonturen am Ende eines Risses / Schlitzes

erlichen Schwachstellen am Ende des vertikalen Schlitzes, wie in Abbildung 6.1 rechts, entfallen so.

Der ursprüngliche Schlitz hat an seiner *ehemaligen* Spitze nun durch den tangentialen Übergang beider Zugdreieckskonturen (s. Kapitel 3.2.1, [36] und [39]) einen sehr großen „Radius".

Empirisch wurde eine ähnliche Vorgehensweise 2004 bei experimentellen Arbeiten zur Untersuchung von Bambus verwirklicht [19]. Anstatt der (noch gar nicht entwickelten) Zugdreiecksmethode wurden zwei unter 45° auslaufende Kreissegmente als Schlitzumlenkung verwendet, wie sie auch in [24] beschrieben wurden.

6.1 Allgemeine Finite-Elemente Untersuchung des Zugdreieck-Schlitzes

Wie in Abbildung 6.2B gezeigt, deutet das Schubviereck darauf hin, dass die neuerliche Schlitzspitze des doppelten Zugdreieckschlitzes Druckspannungen erfährt. Rechnerisch wurde dies mittels Finite-Elemente Methode untersucht. Für diese Rechnungen wurde wieder wie in Kap. 5.1 eine einheitliche Grundgeometrie gewählt, um die Ergebnisse miteinander vergleichen zu können. Bei der Bemessung wurden auch die anstehenden Versuche bzw. die Probenfertigung berücksichtigt, um die Rechenergebnisse verifizieren zu können.

Die geometrischen Abmessungen der Platte sind:

- Länge: $300\,mm$
- Breite: $120\,mm$
- Dicke: $20\,mm$
- Schlitzlänge: $40\,mm$

Ebenso wurde aufgrund der vorhandenen Symmetrien meist ein Viertel- bzw. Achtelmodell für die Rechnung verwendet und entsprechend der Symmetriebedingungen gelagert. Das verwendete Netz wurde in den interessierenden Bereichen so fein gewählt, dass die Ergebnisse als netzunabhängig angesehen werden können.

Die Modelle wurden entweder als 3D-Vollmodelle erstellt oder, wenn möglich, als 2D-Modelle im ebenen Spannungszustand ausgeführt (s. Kap. 2.1).

Die Belastung erfolgt in allen Fällen in der Plattenebene. Die angelegte Zugspannung beträgt an den Stirnflächen der Platte stets $1\,MPa$. Aufgrund der konstanten Schlitzlänge ist der Restquerschnitt bei allen Modellen einheitlich. Somit kann der Wert der maximal auftretenden Hauptnormalspannung σ_1 bei allen Modellen ohne Umrechnung als Brutto-Spannungsüberhöhung K_{tb} verwendet werden.

Abbildung 6.3 zeigt eine Platte unter Zugbelastung mit solch einem doppelten Zugdreiecksschlitz am Ende eines mittig platzierten Ursprungsschlitzes. Die Spannungsüberhöhung wird wieder einheitlich als Brutto-Spannungsüberhöhung K_{tb} angegeben. Da der Schlitz ein Drittel der Querschnittsfläche in Anspruch nimmt, kann wie in Kapitel 5.1 einfach die Brutto- in die Netto-Spannungsüberhöhung umgerechnet werden:
$K_{tn} = K_{tb} \cdot \frac{Breite-Schlitzlnge}{Breite} = \frac{2}{3} \cdot K_{tb}$ (s. Gleichung 2.19).

Die Darstellung der v. Mises-Vergleichsspannung (Abbildung 6.3C) zeigt genau im Bereich des Schlitzendes eine sehr hohe (*Vergleichs-*)Spannung an. Da dieses Versagenskriterium die vorliegenden Spannungen betragsmäßig wertet (s. Gleichung 2.11), enthält es keine Aussage über die Belastungsart (Zug- oder Druckspannungen).

Hier geben die Hauptnormalspannungen σ_1 (*Zug*) und σ_3 (*Druck*) in Abbildung 6.3A und B den Spannungszustand besser wieder. Deutlich zu erkennen ist der homogene Spannungsverlauf von σ_1 entlang der Zugdreieckskontur (6.3A) und die druckbelastete Schlitzspitze (6.3B).

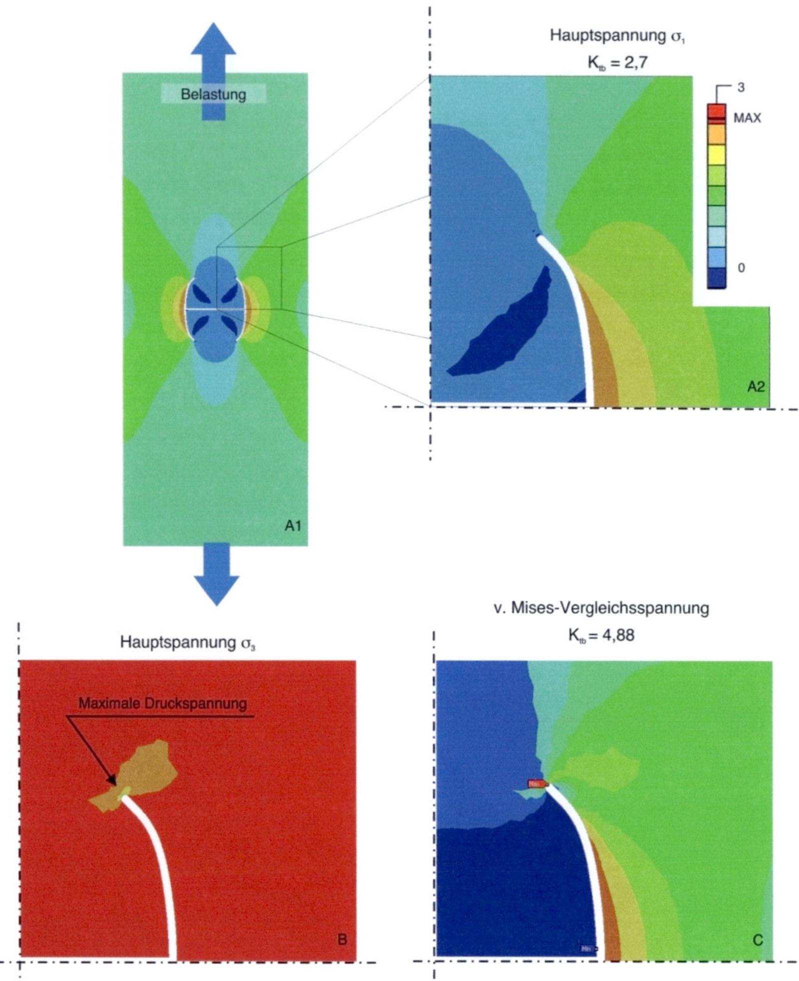

Abbildung 6.3: A   Ein mit Zugdreiecksschlitzen versehener Ursprungsschlitz
weist eine sehr homogene Spannungsverteilung (σ_1) auf.
A1 zeigt das gesamte Modell, A2 den interessierenden
Bereich vergrößert

B   Die Enden der Zugdreiecksschlitze befinden sich im Bereich
der maximalen Druckspannungen

C   Die v. Mises-Vergleichsspannung hat im Bereich der Schlitzenden ihr Maximum, da diese die Spannungen betragsmäßig
wertet und keine Aussage über Zug oder Druck enthält

6.2 Vergleichende Betrachtung von Schlitz, Abschlussbohrung und Zugdreiecksschlitz

Die Zugdreieckskontur zeigt eine deutliche Reduktion der Spannungs-überhöhung gegenüber einem reinen Schlitz und dem weggebohrten Schlitzende. Um eine qualitative Aussage treffen zu können werden hier nun alle drei Varianten exemplarisch miteinander verglichen. Als Referenz wird ein reiner Schlitz betrachtet, der mittig in einer Platte eingebracht ist. Die betrachtete Abschlussbohrung hat in diesem Fall einen Durchmesser von $6\,mm$, d. h. der Kerbradius hat sich gegenüber dem Schlitz vervierfacht.

Die Größe der Zugdreieckskontur wurde für dieses Beispiel auf $4,8\,mm$ Breite und $11,7\,mm$ Höhe festgelegt.

Die geometrischen Abmessungen der Schlitze bzw. deren Enden sind in den folgenden Betrachtungen konstant. Die Schlitzbreite beträgt stets $1,5\,mm$ und die Enden sind als Kreisbögen ausgeformt (Radius $r = 0,75\,mm$). Die Darstellung der Ergebnisse in FE-Spannungsplots erfolgt stets mit einheitlicher Farbeinteilung, somit sind die einzelnen Ergebnisdarstellungen dieses Kapitels direkt miteinander vergleichbar.

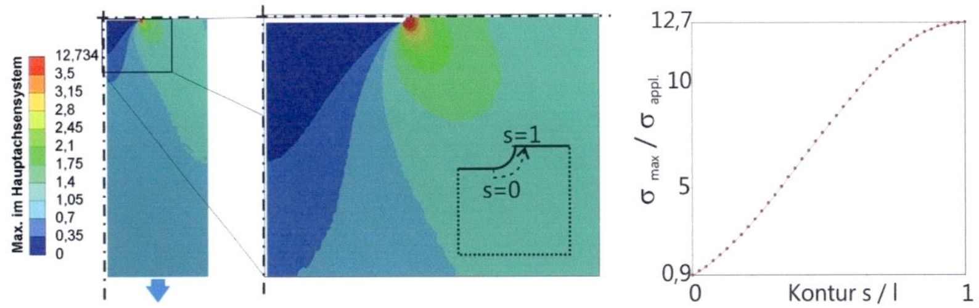

Abbildung 6.4: *Hauptnormalspannung σ_1 eines zugbelasteten Schlitzes (Mode I) anhand einer FE-Analyse*

Der ursprüngliche Schlitz bewirkt am Scheitelpunkt seines abschließenden Kreisbogens eine lokale Kerbwirkung $K_{tb} = 12,7$. In der Darstellung der Hauptnormalspannung σ_1 in Abbildung 6.4 links erkennt man deutlich die hohe Belastung der Stelle. Die Farbskala ist von 0 bis $3,5\,MPa$

gleichmäßig unterteilt, ab $3,5\,MPa$ aufwärts ist alles rot.

Um die Verteilung der Hauptnormalspannung entlang des Konturverlauf einschätzen zu können, wurde sie im rechten Diagramm auf die normierte Konturlänge aufgetragen. Deutlich zu erkennen ist der starke, stetige Anstieg bis hin zum Scheitelpunkt als alleiniges Spannungsmaximum.

Wie weiter oben schon erwähnt versucht man in der Praxis manchmal mittels einer Kreisbohrung an der Riss-/Schlitzspitze die Spannungsüberhöhung zu reduzieren. Abbildung 6.5 zeigt die FE-Analyse und die Verteilung der Hauptnormalspannung σ_1 einer Abschlussbohrung mit $6\,mm$ Durchmesser analog zu Abbildung 6.4. Deutlich zu erkennen ist hierbei, dass eine Reduzierung der Spannungsüberhöhung stattfindet. K_{tb} sinkt um fast die Hälfte von $12,7$ auf $6,9$. Der Verlauf der Hauptnormalspannung entlang der Kreiskontur weist Ähnlichkeit mit dem der Kreiskontur am Ende des reinen Schlitzes auf.

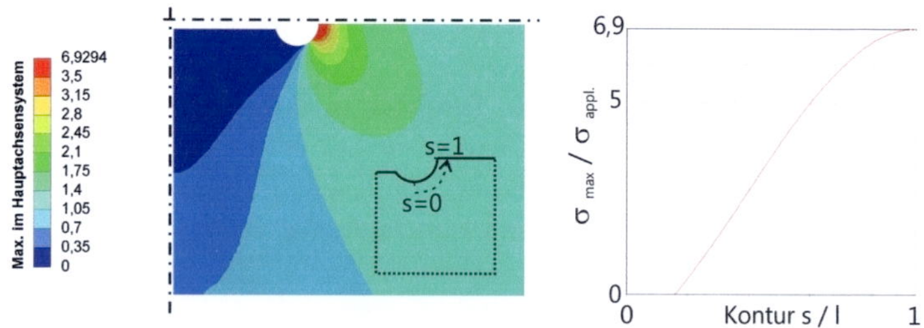

Abbildung 6.5: *Hauptnormalspannung σ_1 eines zugbelasteten Schlitzes (*Mode I*) mit Abschlussbohrung anhand einer FE-Analyse*

Betrachtet man analog zu den vorhergehenden Spannungsanalysen einen Zugdreiecksschlitz so ist eine weitere Spannungsreduktion feststellbar. K_{tb} sinkt bei dem Schlitz in Abbildung 6.6 auf den Wert $3,35$. Bemerkenswert ist auch die gleichmäßige Verteilung der Spannung über einen weiten Bereich der Kontur Abbildung 6.6 rechts. Statt diesem einigermaßen gleichmäßigen Spannungsplateau weisen die Kreiskonturen ein lokal sehr begrenztes Spannungsmaximum *(Hot-Spot)* auf.

Dieser Zugdreiecksschlitz reduziert die maximale Spannung auf rund ein Viertel im Vergleich zum reinen Schlitz.

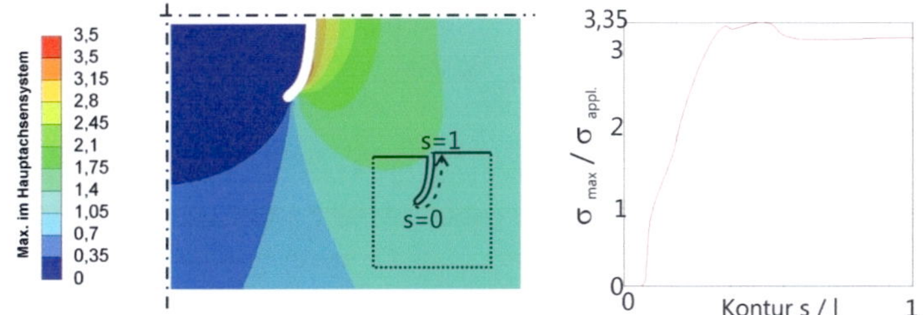

Abbildung 6.6: *Hauptnormalspannung σ_1 eines zugbelasteten Schlitzes (Mode I) mit doppelter Zugdreieckskontur als* Gegenschlitz *anhand einer FE-Analyse*

6.3 Einfluss der Konturgröße

Beim Vergleich des reinen Schlitzes mit der Abschlussbohrungsvariante ist gezeigt worden, dass durch eine Vergrößerung des Kerbradius eine Reduktion der Spannungsüberhöhung erzielt werden kann. Um den Einfluss einer Vergrößerung der Zugdreieckskonturen und auch der Abschlussbohrungen zu beurteilen, wurden verschiedene Größen berechnet und miteinander verglichen.

Die Bezeichnung der geometrischen Abmessungen von Zugdreieckskontur und Kreisloch ist im Anhang (Abbildung A.1) dargestellt. Die Abstufung der Größen erfolgte in Anlehnung an die Normzahlreihe $R\,5$ ([8] S. K25), d. h. dass nicht der Abstand zwischen den einzelnen Grössenstufen gleich bleibt, sondern der Vergrößerungsfaktor. Somit ist die Abstufung über den gesamten untersuchten Bereich besser verteilt. Hierzu wurde die zugrundeliegende Zugdreieckskontur jeweils mit dem Faktor der Normzahlreihe $R\,5$ ($q_5 = \sqrt[5]{10} = 1,6$) vergrößert und der Schlitz dann der Schlitzbreite b_S und dem Endradius r_e entsprechend ausgeformt. Dadurch wird die Konturbreite b_K und die Konturhöhe h_K um $1,5\,mm$ bzw. $0,75\,mm$ größer als die Zahlenfolge der Normzahlreihe. Die hier angegebenen Größen beschreiben also die tatsächlichen Abmessungen der Schlitze.

Im Anhang sind in den Abbildungen A.2 und A.3 sämtliche Geometrien maßstabsgetreu abgebildet. Tabelle A.1 fasst deren geometrischen Abmessungen zusammen.

Abbildung 6.7 und 6.8 zeigen die Kerbwirkung aller berechneten Geometrien in Abhängigkeit des Kreislochradius r_K bzw. der Konturbreite b_k. Die Zugdreiecksschlitze weisen generell niedrigere Werte als die Abschlussbohrungen auf. Deutlich zu erkennen ist auch, dass größere Abmessungen sowohl bei den Abschlussbohrungen als auch den Zugdreiecksschlitzen eine geringere Spannungsüberhöhung bewirken, wobei die Kurve immer flacher wird, der Effekt also geringer wird.

Die einzelnen Ergebnisse für die Spannungsüberhöhung sind in Tabelle 6.2 und 6.1 zusammengefasst.

Kontur	K_{tb}	
RS	12,73	100 %
K 3	9,34	73,3 %
K 6	6,93	54,4 %
K 15	4,79	37,6 %
K 20	4,32	33,9 %
K 40	3,48	27,3 %

Tabelle 6.1: K_{tb} für die kreisförmigen Abschlussbohrungen

Kontur	K_{tb}	
RS	12,73	100 %
ZDS 2,5	5,26	41,3 %
ZDS 3,3	4,21	33,1 %
ZDS 4,8	3,35	26,3 %
ZDS 7,5	2,70	21,2 %
ZDS 12,5	2,45	19,2 %
ZDS 21,5	2,39	18,8 %

Tabelle 6.2: K_{tb} für die Zugdreiecksschlitze

Neben der reinen Absenkung der Spannungsüberhöhung weisen zudem alle Zugdreiecksschlitze einen viel homogeneren Spannungsverlauf entlang ihrer Kontur auf (s. Abbildung 6.6 rechts).
Es liegt also kein Spannungs-*Hot-Spot* vor wie bei den Kreiskonturen.

Für die theoretischen Betrachtungen wurden auch Konturen untersucht deren praktischer Nutzen eher gering sein wird. Damit soll lediglich der Größeneinfluss innerhalb der Gruppe dargestellt werden.
Die Modelle *ZDS21,5* und *K40* stellen beispielsweise durch ihre Größen die Extrema der Konturen für diese Beispielplatte dar. Bei diesen beiden Modellen sind die Schlitze völlig durch die Konturen ersetzt worden, d. h.

dort, wo ursprünglich ein Schlitz war, klafft nun ein großes Loch. Für den theoretischen Aspekt interessant – in der Praxis allerdings irrelevant.

So weisst z. B. die größte Zugdreieckskontur *ZDS21,5* im Vergleich zu *ZDS4,8* lediglich eine Spannungsreduktion von 7,5 Prozentpunkten auf, aber gleichzeitig vergrößert sich der benötigte, vertikale Bauraum um das ca. 5,7-fache. Des Weiteren ist bei den großen Konturen (allen voran *ZDS21,5*, *ZDS12,5*, *K40*, *K20* aber auch *ZDS7,5* und *K15*) die gesamte Struktur in ihrer Steifigkeit stark reduziert.

Die Zugdreiecksschlitze zeigen im praxisrelevanten Größenbereich wesentlich bessere Ergebnisse als die Abschlussbohrungen.

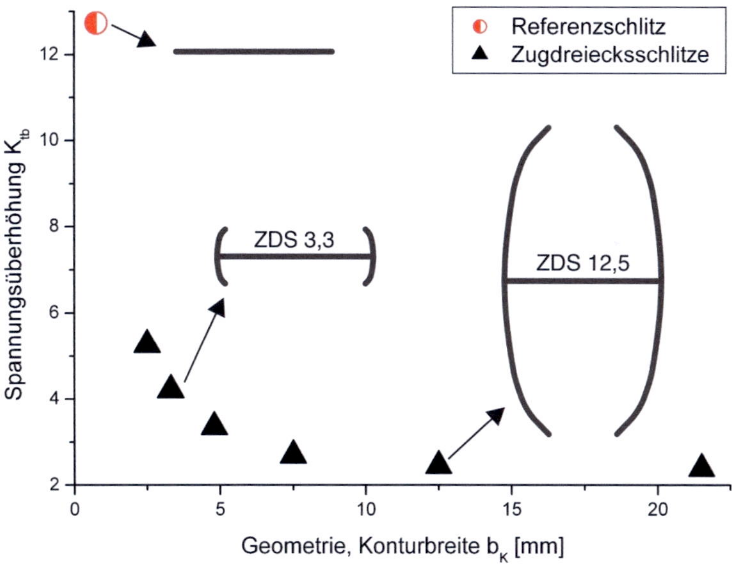

Abbildung 6.7: *Einfluss der Konturbreite b_k auf die Spannungsüberhöhung beim Zugdreiecksschlitz*

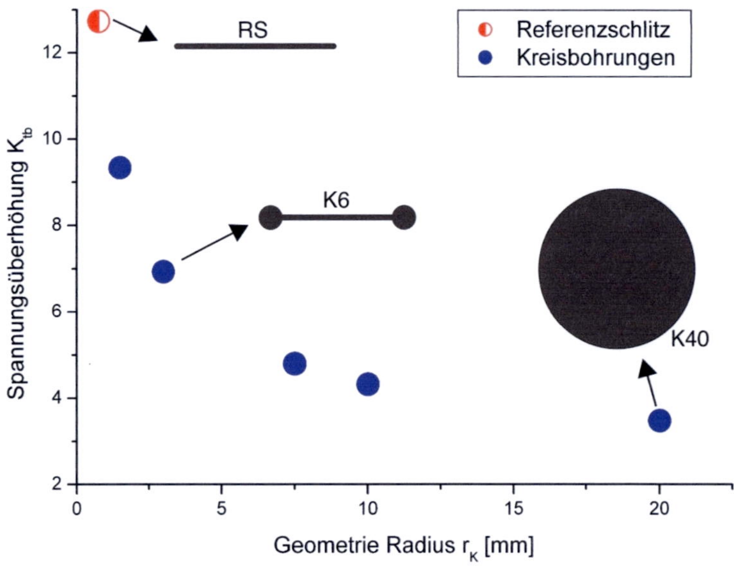

Abbildung 6.8: *Einfluss des Radius r_K der Abschlussbohrung auf die Spannungsüberhöhung*

6.3.1 Verifikation der FE-Analyse mittels Zugversuchen an Styrodurproben

Um den Größeneinfluss zu verifizieren wurden die obigen Modelle als Styrodurproben gefertigt (s. Kap. 3.3) und mit einer elektromechanischen Universal - Prüfmaschine bis zum Bruch belastet.
Da das verwendete Styrodur-Material anisotrope Eigenschaften aufweist, die durch den extrudierenden Herstellungsprozess herrühren, wurde darauf geachtet, dass alle Proben mit der gleichen Vorzugsrichtung hergestellt wurden, d. h. dass die Belastung quer zur Extrusionrichtung erfolgte.

Die Zugversuche wurden mit konstanter Querhauptgeschwindigkeit von ca. $5,4\,\frac{mm}{min}$ gefahren, Weg- und Kraftmesswerte wurden über die Datenerfassung aufgezeichnet. Eine gebrochene Probe ($K20$) mit Halter ist in Abbildung 6.9 zu sehen.

Abbildung 6.9: *Beim Zugversuch versagte Probe* K20, *noch in der Probenhalterung eingespannt*

Durch die geringere Spannungsüberhöhung ist bei den größeren Konturen generell eine höhere Bruchlast zu erwarten, als bei den kleineren bzw. gegenüber dem Referenzschlitz. Im quasi-statischen Zugversuch kommen die großen Vorzüge der Gestaltoptimierung zur Vermeidung von extremen Spannungsüberhöhung nicht so stark zur Geltung wie bei Ermüdungsversuchen (s. Kapitel 6.3.2). Die Reduzierung der Maximalspannung hat dort einen wesentlich größeren Einfluss auf die Lebensdauer, als hier auf die maximale Bruchlast, da beim Zugversuch große Dehnungen und auch plastische Verformungen auftreten.

Dennoch sind diese Zugversuche mit selbst hergestellten Styrodurproben hilfreich gewesen, da durch die schnelle und einfache Herstellung die Rechnungen zeitnah, d. h. innerhalb von Stunden, zum großen Teil verifiziert werden konnten.

Die praktische Einschränkungen, welche die großen Konturen mit sich bringen (s. S. 77) bestätigen sich auch im Zugversuch. Je größer die Konturen werden, desto höher ist zum einen die rechnerisch ermittelte Spannungsreduktion und damit die Bruchlast, aber auch desto geringer ist die Struktursteifigkeit der Proben. So ist die Bruchdehnung bei *ZDS21,5* im Vergleich zu *ZDS4,8* durchschnittlich fast doppelt so groß, die Bruchlast hingegen steigt lediglich um ca. 33,2 %.

Tabelle 6.3 listet die ermittelten Bruchlasten auf.

	Referenzschlitz	Abschlussbohrung			
	RS	*K3*	*K6*	*K15*	*K20*
Probe #1	414	456,6	468,7	524,7	530,1
Probe #2	415,7	465,9	485,8	526,7	527,3
Probe #3	445,6	470	491,5	515,3	525,9
Probe #4					
Mittelwert	**425,10**	**464,17**	**482,00**	**522,23**	**527,77**

	Zugdreiecksschlitz					
	ZDS2,5	*ZDS3,3*	*ZDS4,8*	*ZDS7,5*	*ZDS12,5*	*ZDS21,5*
Probe #1	519,8	466,7	486,6	602,1	610,8	707,8
Probe #2	484,7	475,1	541,4	562,1	617,2	697,6
Probe #3	475	484,6	580,8	601,3	628,5	710,8
Probe #4			509,9			
Mittelwert	**493,17**	**475,47**	**529,68**	**588,50**	**618,83**	**705,40**

Tabelle 6.3: Bruchlasten in [N] im quasistatischen Zugversuch an Styrodurproben

Die rechnerischen Ergebnisse wurden durch diese Zugversuche im Großen und Ganzen bestätigt. Je größer die Kontur ist, desto höher ist die gemittelte Bruchlast, wie es die Berechnung der Spannungsüberhöhungen erwarten ließ. Lediglich die Kontur *ZDS3,3* fällt durch ihre geringe Bruchlast (bzw. *ZDS2,5* durch ihre hohe) aus dem Rahmen. Eine Verwechslung der Messdaten bzw. eine falsche Zuordnung wäre die einfachste, denkbare Erklärung für dieses Verhalten, kann aber mit Sicherheit ausgeschlossen werden, da die Bruchlasten, unmittelbar nach Versuchsende auf den jeweiligen Proben notiert wurden.

Die Ursache ist vermutlich vielmehr im Herstellungsprozess zu suchen. Die Werkzeugbahn, die der Schneiddraht bei der Herstellung der Proben abfährt, entspricht der gewünschten Außen–/Innenkontur, abzüglich des Werkzeugradius. Wird die Kontur der Zugdreiecksschlitze abgefahren, kommt das Werkzeug dreimal ungefähr am selben Punkt, dem Übergang der beiden Zugdreieckskonturen am (ursprünglichen) Schlitzende, vorbei. Je kleiner die Kontur ist, desto kürzer sind dabei die Zeitabstände dazwischen. Dies kann dazu führen, dass bei kleinen Konturen genau an dieser Stelle ein erhöhter Wärmeeintrag ins Material stattfindet und es so eventuell zu Materialbeeinträchtigungen kommt, die die Ergebnisse des Zugversuchs beeinflussen. Die tendenziell größere Streuung bei kleineren Proben kann auch dadurch erklärt werden, da alle Proben einer Konturgröße gleichzeitig, im Stapel, geschnitten wurden. Ein unterschiedlicher Wärmeeintrag bzw. die unterschiedliche Wärmeabfuhr zwischen den inneren und den äußeren Proben kann dadurch nicht ausgeschlossen werden. Dies ist ein systematischer Effekt, der durch ein anderes Fertigungsverfahren hätte vermieden werden können. Aufgrund der große Vorteile des gewählten Verfahrens, der diese Schwächen bei sehr filigranen Konturen überwiegt, wurde eine alternative Fertigung verzichtet. Dies ist bei der Bewertung der Ergebnisse zu beachten.

6.3.2 Schwingversuche an Stahlproben

Wie oben schon erwähnt, spielt die Gestaltoptimierung ihre Stärken vor allem dann aus, wenn zyklisch belastet wird, z. B. durch Schwingversuche. Eine Reduzierung der Spannungsüberhöhung erhöht die Lebensdauer hauptsächlich dadurch, dass die Rissinitiierung verzögert wird. Auch die homogenere Verteilung der Spannung entlang der Zugdreieckskontur begünstigt dies, da einzelne Spannungs-Hot-Spots vermieden werden.

Die Versuche an geschlitzten Stahlproben belegen die enormen Vorteile, die die Zugdreieckskontur im Vergleich zu den herkömmlichen Abschlussbohrungen hat. Die große Zugdreieckskontur weist eine im Mittel um ca. 17,3-fach höhere Lastspielzahl auf, wie die große Abschlussbohrung. Gegenüber der kleineren Abschlussbohrung gar um Faktor 35,4.

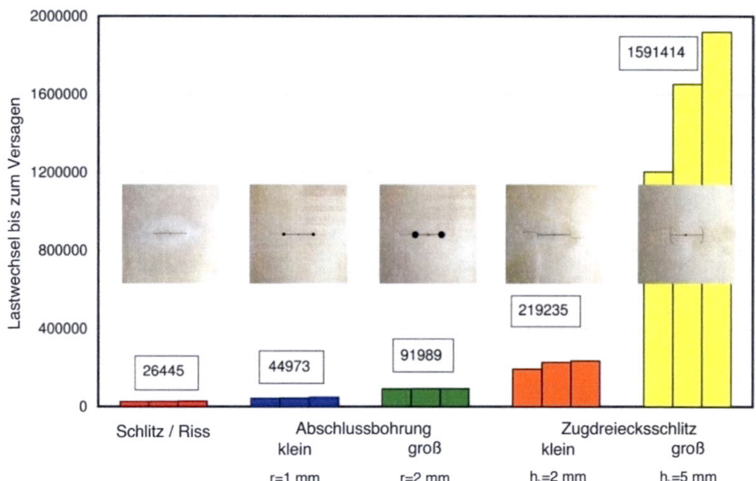

Abbildung 6.10: *Versagenslastspielzahl verschiedener Stahlproben mit unterschiedlichen Rissumlenkungsschlitzen / Abschlussbohrungen im Schwingversuch. Versuche: Dr. K. Bethge*

In Abbildung 6.10 sind die Versuchsergebnisse zusammenfassend dargestellt. Abbildung A.4 im Anhang zeigt die versagten Proben (-geometrien).

Die Schwingversuche [9] wurden an servo-hydraulischen Universalprüf-maschinendurchgeführt. Die Proben wurden aus Stahl (St 52-3, Werk-stoffnummer: 1.0570) hergestellt und hatten die Maße:

- Länge: $90\,mm$ (Messbereich) bzw. $214\,mm$ (gesamt)
- Breite: $60\,mm$
- Dicke: $5\,mm$
- Schlitzlänge: $20\,mm$

Der Schlitz wurde im Draht-Erodierverfahren gefertigt und seine Breite betrug $0,15\,mm$. Die Rauigkeit der Schlitzinnenseite konnte wegen der geringen Schlitzbreite nicht bestimmt werden. Da alle Proben den sel-ben Herstellungsprozess erfahren haben, ist ein möglicher Einfluss unter-schiedlicher Oberflächenrauigkeiten auf die Lastspielzahlen ausgeschlos-sen und eine direkte Vergleichbarkeit gegeben. Die Probenoberflächen wurden geschliffen.

Der Lastbereich reichte von $F_u = 5,3\,kN$ bis $F_o = 53\,kN$. Die für die Bestimmung der Netto-Nennspannung nötige Fläche ergibt sich aus effektiven Breite und der Dicke des Probenkörpers:
$A = (Breite - Schlitzlänge) \cdot Dicke) = (60\,mm - 20\,mm) \cdot 5\,mm = 200\,mm^2$

Daraus folgt:

- Oberspannung: $\sigma_o = \frac{F_o}{A} = 265\,MPa$
- Unterspannung: $\sigma_u = \frac{F_u}{A} = 26,5\,MPa$
- Mittelspannung: $\sigma_m = \frac{\sigma_o + \sigma_u}{2} = 145,75\,MPa$
- Ruhegrad: $r = \frac{\sigma_m}{\sigma_o} = 0,55$
- Spannungsverhältnis: $s = \frac{\sigma_u}{\sigma_o} = 0,1$

Als Abbruchkriterium wurde eine Weggrenze von ca. $0,25\,mm$ festge-legt. Die Schwingspielfrequenz lag bei $20\,Hz$.

6.4 Querzug

Eine weitere Variante der Zugdreiecksschlitze ist sinnvoll, wenn die Belastung nicht ausschließlich quer zum Schlitz wirkt, sondern in etwas geringerer Höhe auch alternierend längs dazu.

Die Enden der Zugdreiecksschlitze sind bei der angenommenen Belastung quer zum Ursprungsschlitz (*Hauptzug*), wie in Abbildung 6.2 zu sehen, druckbelastet. Erfahren diese jedoch aufgrund einer anders gerichteten Belastung Zugspannungen (*Störzug*), so bilden sie eine neue Schwachstelle. Rissbildung wäre an diesen Stellen wahrscheinlich. Abbildung 6.11 A verdeutlicht dies anhand des Schubvierecks.

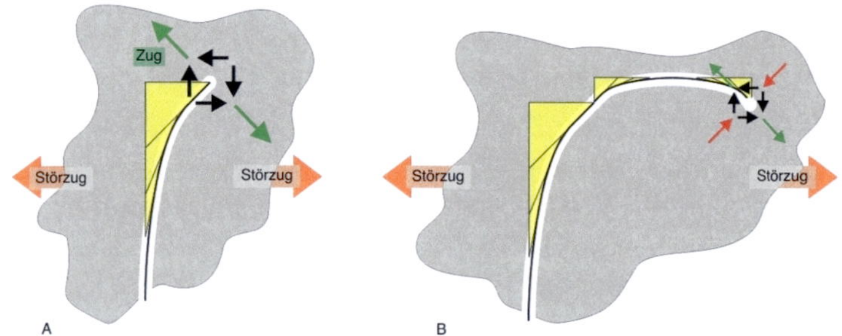

Abbildung 6.11: A *Schubviereck am Ende einer senkrecht zur Zugrichtung verlaufenden Zugdreieckskontur (Störzug)*
B *Kombination mehrerer Zugdreieckskonturen die sowohl bei Haupt- als auch Störzug die Schlitzspitze mit Druck belegen*

Dabei ist nicht eine temporär gleichzeitige, überlagerte Belastung kritisch, sondern vielmehr eine zeitlich alternierend auftretende Last. Bei gleichzeitigem Auftreten von Haupt- und Störzug wird der Schlitzenddruck des Hauptzuges gegenüber dem Schlitzendzug des kleineren Störzuges auf das Schlitzende überwiegen. Herrscht dagegen ausschließlich der Störzug wirkt dieser ungehindert auf das Schlitzende.

Wird der Zugdreiecksschlitz durch weitere Zugdreieckskonturen verlängert, wird der Schlitz weiter umgelenkt. Durch zweimaliges Verlängern mit der Zugdreieckskontur erfährt die Spitze nun durch den Störzug wieder Druck (Abbildung 6.11B).

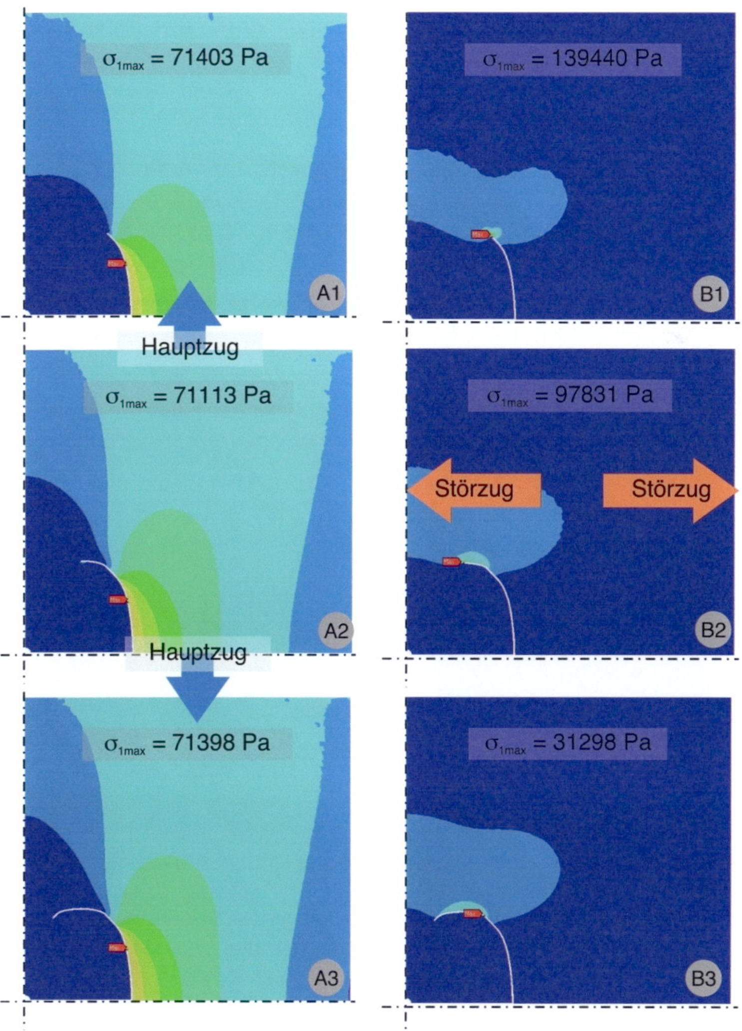

Abbildung 6.12: *Spannungsverteilung für σ_1 bei:*
A   ausschließlich Hauptzug
B   ausschließlich Störzug $= |\frac{1}{3}$ Hauptzug $|$
1 einfacher Zugdreiecksschlitz   2 verlängerter Zugdreiecks-
schlitz   3 doppelt verlängerter Zugdreiecksschlitz

Die FE-Berechnung in Abbildung 6.12 zeigen, dass dieser Bereich im Falle des Hauptzuges im *Spannungssschatten* des ursprünglichen Schlitzes liegt [29, 31]. Somit ist an dieser Stelle mit keinem neuerlichen Risswachstum zu rechnen.

Abbildung 6.12 zeigt die Spannungsanalyse der drei vorgestellten Schlitzvarianten bei Haupt- bzw. Störzug. Im Falle des Hauptzuges ist fast keine Änderung der Maximalspannung festzustellen, auch die Stelle an dem diese auftritt ist bei allen ungefähr gleich. Bei Störzug jedoch wird deutlich, wie die zusätzliche Umlenkung des Schlitzes die Maximalspannung reduziert. Sowohl bei *B1* und *B2* treten jeweils an der Schlitzspitze die Maximalspannungen auf.

Bei *B3* wird im Vergleich zu *B1* die Spannungsüberhöhung auf ca. 22,4 % reduziert. An der entschärften Schlitzspitze sind nun keine hohen Spannungen mehr feststellbar.

Zugschwellende Schwingversuche wurden mit den Varianten *B2* und *B3* durchgeführt (Abbildung 6.13).

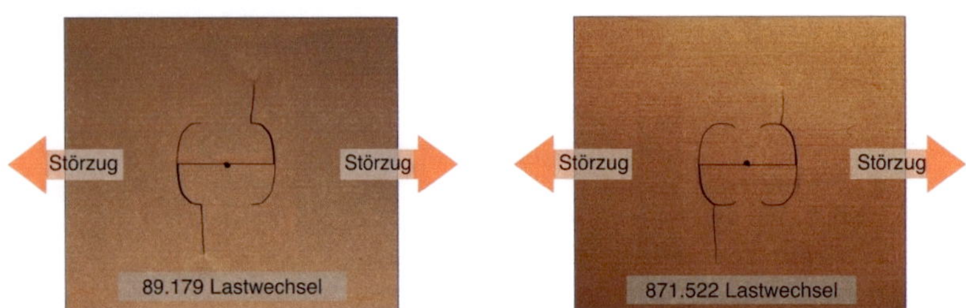

Abbildung 6.13: *Zugschwellender Schwingversuch mit alleinigem Störzug, d. h. orthogonal zum ursprünglichen Riss/Schlitz. Das Versagen setzte jeweils an den Stellen mit den höchsten berechneten Spannungen ein. Versuch: Dr. K. Bethge*

Hierzu wurden die selben Parameter wie bei den vorigen Versuchen (s. Kapitel 6.3.2) verwendet.

Aufgrund der unterschiedlichen Abmessungen der Schlitze ergibt sich für die Berechnung der Netto-Nennspannung eine andere Restquerschnittsfläche:

$$A = (Breite - Konturbreite) \cdot Dicke) = (60\,mm - 2 \cdot 8,33\,mm) \cdot 5\,mm = 216,7\,mm^2$$

Daraus folgt:

- Oberspannung: $\sigma_o = \frac{F_o}{A} = 244,6\,MPa$

- Unterspannung: $\sigma_u = \frac{F_u}{A} = 24,46\,MPa$

- Mittelspannung: $\sigma_m = \frac{\sigma_o + \sigma_u}{2} = 134,53\,MPa$

- Ruhegrad: $r = \frac{\sigma_m}{\sigma_o} = 0,55$

- Spannungsverhältnis: $s = \frac{\sigma_u}{\sigma_o} = 0,1$

Die Variante *B3* mit dem doppelt umgelenkten Schlitz weist eine fast zehnfach so hohe Lebensdauer auf wie die Variante *B2*.

6.5 Anwendung in der Praxis

Abbildung 6.14 zeigt das Ende eines Schlitzes in einer runden Behälterwand aus Stahl. Dieser Behälter erfährt starke zyklische Temperaturänderungen. Eine Vielzahl solcher Schlitze sind ringsum in den Behälter eingebracht. Konstruktiv wurde deren Ende mit einer herkömmlichen Abschlussbohrung versehen. Die starken Temperaturschwankungen verursachten jedoch so große Spannungen, dass es zu Rissbildung kam. Es wurde versucht, durch erneutes Wegbohren der Rissspitzen diese zu stoppen – mit wenig Erfolg.

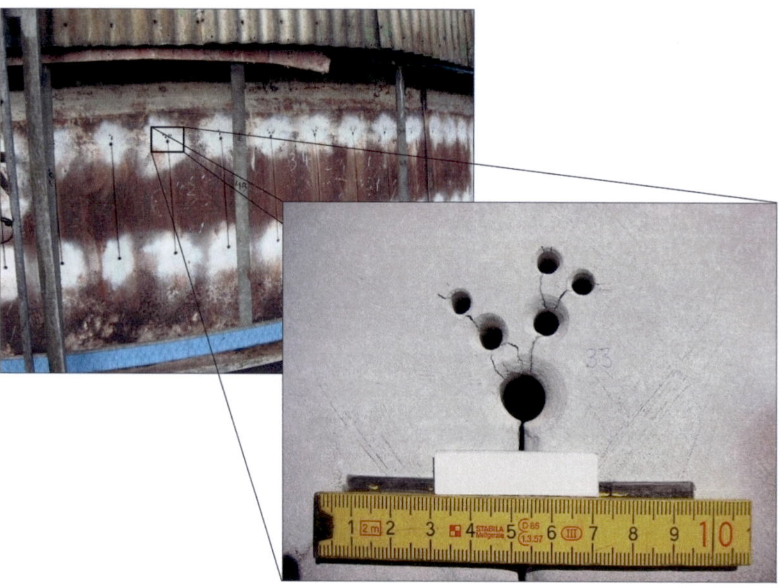

Abbildung 6.14: *Wiederholte Rissbildung am Ende eines mit Abschlussbohrung versehenen Schlitzes in einer Behälterwand*

In diesem Fall wird die betreffende Firma in Kürze Änderungen vornehmen, die unmittelbar auf die Entwicklung der Rissumlenkung mit Zugdreiecksschlitzen zurückzuführen sind. Statt der hier untersuchten Zugdreiecksschlitze, werden zu Langlöchern ausgerundete Zugdreiecks-

88

schlitze in die Behälterwand eingebracht, die die Kerbspannung reduzieren.

Abbildung 6.15 vergleicht die Hauptnormalspannung σ_1 des bekannten Zugdreieckschlitzes *ZDS4,8* mit einer Langlochvariante, die aus zwei gleichgroßen, gespiegelten Zugdreieckskonturen besteht. Solch ein Langloch wird in der Praxis, vor allem bei Instandsetzungen, leichter zu fertigen sein, als ein dünner Schlitz.

Wie schon bei der Weiterführung der Schlitze bei Querzug (Kap. 6.4) ist davon auszugehen, dass in dem Bereich direkt hinter dem Schlitz kaum mechanische Last anliegt. Deutlich ist beim Zugdreiecksschlitz ein großer unbelasteter Bereich (blau) zu erkennen. Das Entfernen dieses Abschnitts dürfte demnach keine großen Auswirkungen auf die Spannungsverteilung der Reststruktur haben.
In der Tat weisen beide Varianten fast die selbe Spannungsüberhöhung auf. Der minimale Unterschied der Spannungsüberhöhung K_{tb} ist wohl numerischer Natur.

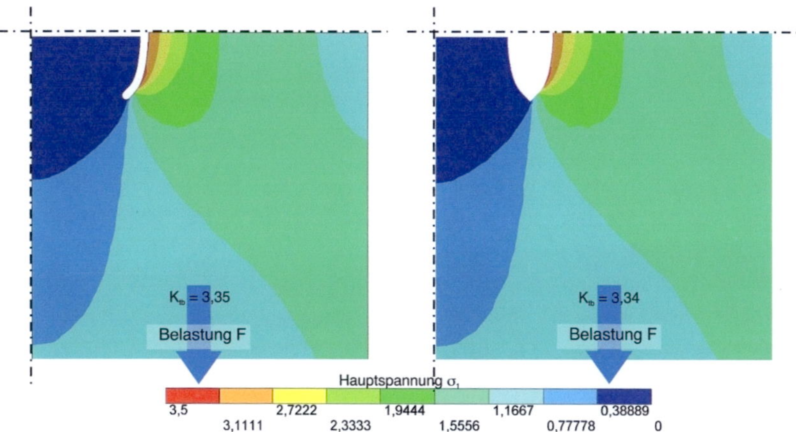

Abbildung 6.15: *FE-Spannungsanalysenvergleich (σ_1) von ZDS4,8 und einem Langloch bestehend aus zwei Zugdreieckskonturen*

Eine andere Problemstellung aus der Industrie betrifft die Gestaltung der circumferentiellen Zugdreiecke (Kapitel 3.2.3). In diesem Fall versagte ein flächiges Bauteil, welches mittig eine zyklische Biegebelastung erfuhr (eine Stanzmatrize für Blechbauteile, Abbildung 6.16A). Dadurch entstanden auf der Unterseite des Bauteils kreisförmige Zugspannungen, die an den (bereits ausgerundeten) Ecken zu gelegentlichen Rissen führten (Abbildung 6.16).

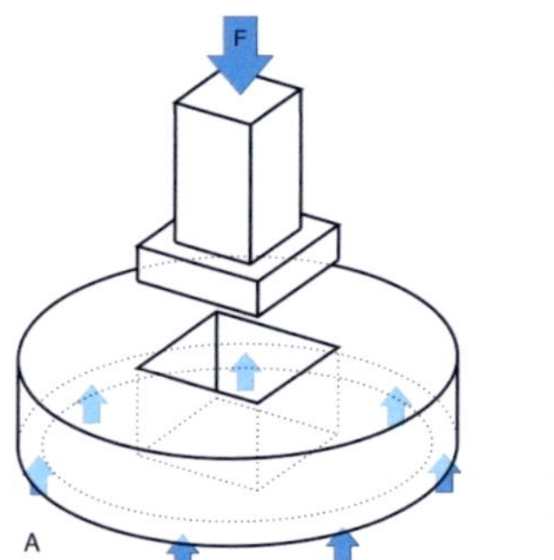

Abbildung 6.16: A   Belastungsskizze einer Stanzmatrize
B   Rissbildung in den Ecken auf der zugbelasteten Unterseite. Rissausbreitung senkrecht zur kreisförmig verlaufenden Zugspannung

In diesem Fall war wegen des circumferentiellen Kraftverlaufes die Anpassung der Methode der Zugdreiecke nötig, da es bei der allgemeinen Zugdreiecksmethode zu Winkeldifferenzen kommt, die eine weniger gute Kraftumlenkung bewirken. Hier wurde dem Hersteller ein Vorschlag unterbreitet, bei dem lediglich die äußere Kontur der Zugdreiecke Anwendung findet, da der innere Bereich, weil nahezu unbelastet, nicht von Bedeutung ist. Hierzu wurde statt der vorhandenen kreisbogenförmigen Eckenausrundung eine Alternative mit der (circumferentiellen) Zugdreiecksmethode entworfen. Besonders rissgefährdet sind zudem nur die zugbelasteten Bereiche des Bauteils, daher ist eine Eckenausrundung lediglich bis zur neutralen Faser der Biegung sinnvoll. Rechnungen hierzu zeigen eine Spannungsreduktion um ca. 50 % (Abbildung 6.17).

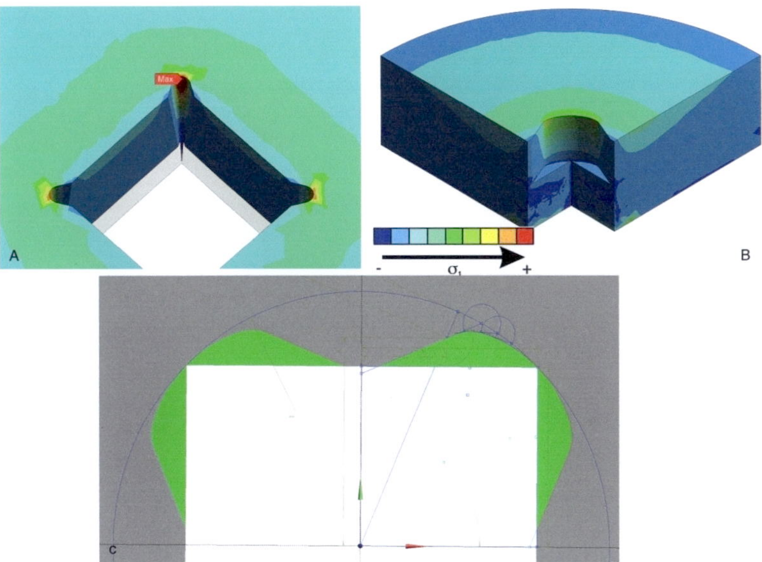

Abbildung 6.17: *FE-Analyse eines auf Biegung belasteten Bauteils.*
A   Ist-Zustand mit deutlichen Kerbspannungen an den kreis-
*   bogenförmigen Ausrundungen*
B   Mit der circumferentiellen Zugdreiecksmethode optimierte
*   Form*
C   Konstruktionszeichnung der circumferentiellen Zugdreiecke

7 Zusammenfassung

In dieser Arbeit wurden neue Strategien zum Fail Safe Design untersucht. Im Gegensatz zum Safe Life Aspekt, bei dem jegliches Versagen während der Betriebszeit ausgeschlossen werden soll, toleriert der Fail Safe Grundsatz in gewissem Maße das Versagen bzw. den Ausfall von Komponenten und Strukturen technischer Systeme.

Auf der Suche nach Gestaltungsprinzipien der Natur für druckstabiles und sprödes Material wurden in dieser Arbeit die Schalen von Muscheln und Meeresschnecken näher untersucht. Fressfeinde von Muscheln versuchen deren schützende Schalen zu knacken, und bringen dabei z. T. hohe mechanische Lasten auf. Die Fähigkeit von manchen Muschelnarten aktiv auf Umwelteinflüsse und Bedrohungen zu reagieren, indem sie z. B. ihre Schalen verstärken, ist ein Indiz für gutes mechanisches Design. Dies und der relativ spröde Werkstoff aus dem die Schalen aufgebaut sind waren Anlass zur genaueren Untersuchung der Gestalt von Muschelschalen. Die beim Versuch eines Fressfeindes die Muschel zu knacken vorherrschende Belastung, wurde mit dem Schubviereck anschaulich dargestellt. Und auch die Gestalt von vielen Muschelschalen, die hohen mechanischen Lasten ausgesetzt sind, läst sich mit der Methode der Zugdreiecke beschreiben.

Bei der Untersuchung zur Gestaltoptimierung von Muscheln, wurde ein Schadensfall einer Muschel beobachtet und diente als Ideengeber für Wülste als Riss-Stopper.
Diese Riss-Stopper sind von den radialen Verdickungsrippen von Muscheln inspiriert. Sie verhindern auch im technischen Bereich wirkungsvoll die Rissbildung bzw. verzögern die Rissausbreitung.

Dazu werden in Belastungsrichtung formoptimierte Wülste an der rissgefährdeten Schwachstelle konstruiert. Die Riss-Stopper versteifen lokal diese Schwachstelle und senken gleichzeitig die Nennspannung. Durch die verringerte Belastung des Materials wird die Rissgefahr vermindert. Verifikationsrechnungen mit der Finiten-Element-Methode zeigten eine Spannungsreduktion aufgrund der Wülste von bis zu 33 %. Der Einfluss der Wulstgeometrie auf die Spannungsreduktion wurde rechnerisch und experimentell untersucht. Im Schwingversuch versagten die Proben mit formoptimierten Riss-Stoppern erst nach deutlich mehr Lastspielen, als diejenigen mit Referenz-Geometrie bzw. nicht form-optimierten Riss-Stoppern. Die Lebensdauer stieg dabei (im Extremfall ohne überhaupt einen Riss zu bilden) auf das 22-fache.

Ergänzende rechnerische Untersuchungen zu rotationssymmetrischen Varianten, sog. Ring-Wülsten, zeigten sogar Minderungen der Maximalspannung um ca. 38 %.

Eine kerbferne Platzierung von Wülsten kann konstruktiv erforderlich sein. Dann wird weniger die Verhinderung der Rissinitiierung erreicht, als vielmehr eine Streckung der Risswachstumsphase. Die erzielten Spannungsreduktionen fallen im Vergleich zu den kerbnahen Wülsten geringer aus. Jedoch setzen auch sie einem Ermüdungsriss durch ihr zusätzliches Material einen größeren Widerstand entgegen, wodurch das Risswachstum entweder gestoppt oder zumindest stark verlangsamt wird. Entsprechend bietet sich hier die Möglichkeit, das Design an die jeweiligen Rissdetektionsmethoden anzupassen.

Bestehende Risse rufen aufgrund der schroffen Kraftflussumlenkung große Kerbspannungen, d. h. lokal begrenzte Spannungsüberhöhungen hervor. Diese führen meist bei wiederholter Beanspruchung zu einem weiteren Fortschreiten des Risses. In der Praxis wird bisher, um solche Ermüdungsrisse aufzuhalten, oft an der Rissspitze ein Loch gebohrt, welches den sehr kleinen Kerbradius des Risses vergrößert. Kreislöcher selbst bewirken jedoch i. d. R. immer noch Spannungsüberhöhungen. Die scharfe Kerbe der Rissspitze wird lediglich durch eine weniger scharfe Kreiskerbe ersetzt. Diese kann jedoch wieder zu so hohen lokalen Belastungen führen, dass ein neuer Riss entsteht.
Als Abhilfe bietet sich hier die Kontur der Zugdreiecksmethode an, die sehr gute Kraftflussumlenkungeigenschaften aufweist – eine Kerbformoptimierung an der Rissspitze.

Wird an das Rissende ein senkrecht zum Riss verlaufender Schlitz eingebracht, der die Form von zwei ineinander übergehenden Zugdreieckskonturen hat (s. Kapitel 6), so ist eine kraftflussgerechte Kraftumlenkung möglich. Die Enden der neu erzeugten Schlitze sind aufgrund ihrer um 45° zur Zugbelastung geneigten Anordnung druckbelastet. Hierdurch wird eine erneute Rissbildung an den neuen Schlitzenden weitgehend verhindert. Die Druckspannungen sind schubinduziert und können mit dem Schubviereck anschaulich gemacht werden.

Durch Vergleichsrechnungen wurde gezeigt, dass ein Schlitz in Zugdreiecksform gegenüber einem Referenzschlitz, die Spannung um ca. 75 % reduziert. Eine vergleichbare Abschlussbohrung reduziert sie lediglich um ca. die Hälfte.

Der Einfluss der Konturgröße wurde an verschiedenen Schlitzen und Abschlussbohrungen untersucht. Generell kann festgestellt werden, dass bei der untersuchten endlichen Plattengeometrie größere Konturen zu geringeren Spannungskonzentrationen führten. Dieser Effekt wird mit zunehmender Größe schwächer. Die Spannungsreduktion stieg bei den beiden größten untersuchten Zugdreiecksschlitzen lediglich um 0,4 Prozentpunkte, bei nahezu einer Verdoppelung der Abmessungen.
Bei extrem großen Konturen wird die Struktur in weiten Bereichen in ihrer Steifigkeit geschwächt. Bei Abschlussbohrungen kommt außerdem hinzu, dass sie große Teile der Struktur ganz entfernen. Für viele Anwendungen sind jedoch solch große Löcher kontraindiziert. Bei allen Zugdreiecksschlitzen ist im Vergleich zu den kreisförmigen Abschlussbohrungen zudem eine viel homogenere Spannungsverteilung entlang der Schlitzkontur feststellbar. Dies verteilt die Belastung gleichmäßig über einen weiten Bereich.

Die Analysen zur Spannungsreduktion wurden experimentell durch Zug- und Schwingversuche bestätigt. Die Zugversuche wurden an selbst gefertigten Polystyrol-Proben durchgeführt und die Bruchlasten miteinander verglichen. Die Schwingversuche wurden an Stahlproben durchgeführt. Sowohl die Bruchlasten aus den quasistatischen Zugversuchen, als auch die Lastspielzahlen der Schwingproben bestätigten die erhöhte Belastbarkeit bzw. Lebensdauer durch die Formgebung mit der neu entwickelten Methode der Rissumlenkung gegenüber der konventionellen

Abschlussbohrung. Im Schwingversuch wiesen die Zugdreieckskonturen im Mittel ca. 17-fache Lastspielzahlen auf, gegenüber vergleichbaren Abschlussbohrungen.

Für Belastungen, die nicht quer zu dem ursprünglichen Riss sondern alternierend dazu in eine andere Richtung, z. B. längs dazu verlaufen (Störzug), sind die neuen Schlitzenden jedoch nicht ausgelegt. Das Schubviereck verdeutlicht in solch einem Fall die Zugbelastung der Schlitzspitze, neuerliche Rissbildung ist möglich. Diese Gefahr lässt sich jedoch mit einer weiteren Umlenkung bannen. Analysen zeigten, dass es für die Hauptbelastung fast keinen Unterschied macht, ob der Schlitz noch weiter umgelenkt wird oder nicht. Bei Störzug jedoch weist die einfach umgelenkte Variante eine Spannungsreduktion von ca. 30 % gegenüber der nicht umgelenkten Variante aus, für die doppelt umgelenkte Variante sogar von über 75 %. Schwingversuche zeigten eine fast zehnfache Lebensdauer der doppelt umgelenkten zur einfach umgelenkten Variante.

Zum Abschluss der Arbeit werden die hier entwickelten Lösungsansätze zum Fail Safe Design an zwei Problemstellungen aus der Industrie erörtert, bei denen diese neuen Methoden bereits zu innovativen Lösungsvorschlägen führten. Die immer wiederkehrende Rissbildung an Schlitzen in einer Behälterwand, die bereits mit Abschlussbohrungen versehen waren, konnte mit der Rissumlenkungsmethode verhindert werden. Die Anwendung der Methode der Zugdreiecke zur Kerbformoptimierung am Schlitzende zeigte hier rechnerisch so großes Potential, dass die praktische Umsetzung kurz bevorsteht.
Im zweiten Fall traten Risse an der Unterseite von Stanzmatrizen auf. Durch eine grundlegende Anpassung der Methode der Zugdreiecke für circumferentielle Kraftflussverläufe, wie sie an der Unterseite dieser Stanzmatrizen in Form von Zugspannungen vorkommen, konnte ein Vorschlag ausgearbeitet werden, der die lokale Materialbeanspruchung auf ca. die Hälfte reduziert.

A Anhang

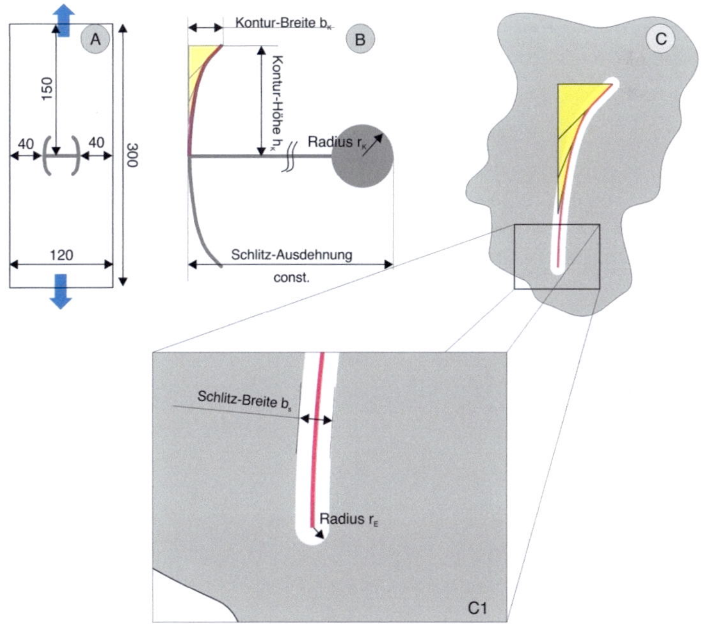

Abbildung A.1: *Geometrische Abmessungen am Zugdreiecksschlitz und den zugehörigen Proben / Modellen*

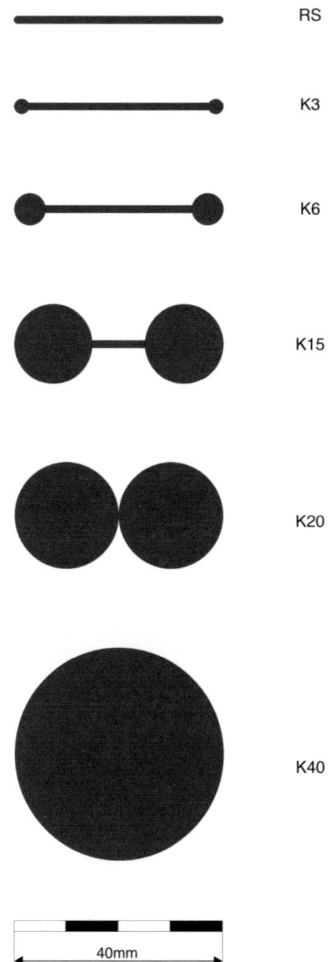

Abbildung A.2: Übersicht der verwendeten Kreisloch-Geometrien für die Untersuchung des Größeneinflusses auf die Spannungsreduktion

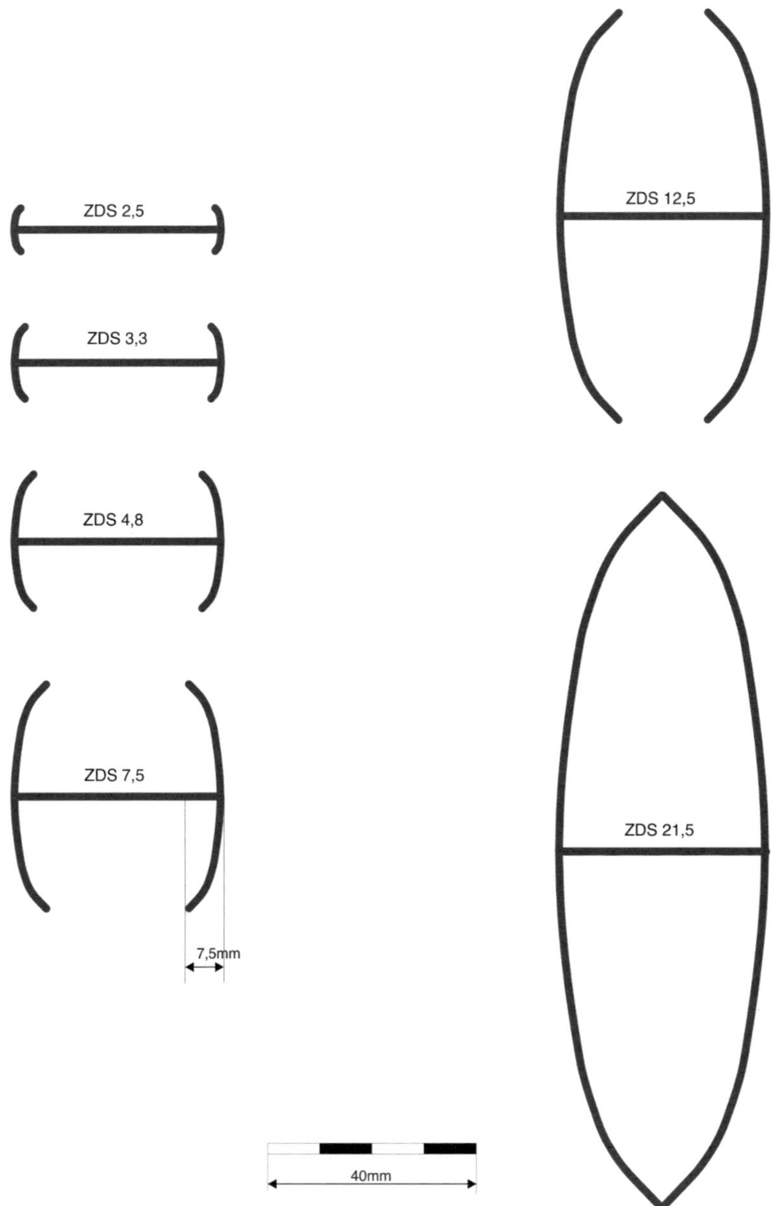

Abbildung A.3: *Übersicht der verwendeten Zugdreiecksschlitz-Geometrien für die Untersuchung des Größeneinflusses auf die Spannungsreduktion*

Referenz-Schlitz		Kreisloch		Zugreieckskontur		
Abk.	Endradius r_E	Abk.	Radius r_K	Abk.	Breite b_K	Höhe h_K
RS	0,75	$K\,3$	1,5	$ZDS\,2,5$	2,5	4,1
		$K\,6$	3	$ZDS\,3,3$	3,3	6,8
		$K\,15$	7,5	$ZDS\,4,8$	4,8	11,75
		$K\,20$	10	$ZDS\,7,5$	7,5	20,75
		$K\,40$	20	$ZDS\,12,5$	12,5	37,1
				$ZDS\,21,5$	21,5	66,75

Tabelle A.1: *Auflistung der für die Untersuchung des Größeneinflusses berechneten Modelle. Angaben in $[mm]$, gerundet*

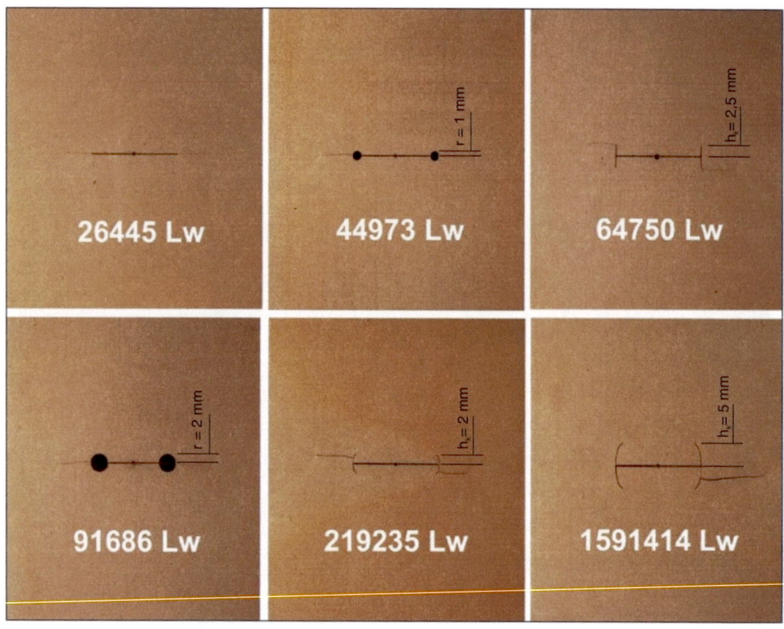

Abbildung A.4: *Bruchlastspielzahlen von Proben mit Zugdreieckskontur im Vergleich zu solchen mit herkömmlichen Abschlussbohrungen. Schlitzbreite $b_s = 0,15\,mm$ Versuche: Dr. K. Bethge*

Abbildungsverzeichnis

2.1 Spannungskomponenten im kartesischen Koordinatensystem 7
2.2 Spannungskomponenten an den Schnittflächen eines infinitesimal kleinen Volumenelements 7
2.3 Spannungs-Dehnungs-Diagramm 12
2.4 Kerbspannungen an einer Lochplatte (schematisch) . . . 13
2.5 Kerbgeometrie 14
2.6 Rissöffnungsmodi 16
2.7 Erscheinungsbild von Ermüdungsrissen 17
2.8 Lastadaptives Wachstum einer Fichtenwurzel 19

3.1 Methode der Schubvierecke 25
3.2 Beispiele zur Anwendung der Schubvierecke als Denkwerkzeug 26
3.3 Konstruktion der Zugdreiecke 28
3.4 Verrundung der Zugdreiecke 28
3.5 Konstruktion zweiachsiger Zugdreiecke 29
3.6 Circumferentielle Zugdreiecke 30
3.7 Materialeinsparung mit der Methode der Zugdreiecke . . 31
3.8 Zusammenfassung der Methode der Zugdreiecke 32

4.1 Skizze der Muschelanatomie 35
4.2 Exemplarische Bauformen von Muscheln und Meeresschnecken 36
4.3 Belastungsskizzen einer Muschelschale 39
4.4 Konturenfit mit der Methode der Zugdreiecke an *Cardium orbis* 40
4.5 Konturenfit mit der Methode der Zugdreiecke an *Vasticardium burchchardi* 41

4.6 Konturenfit mit der Methode der Zugdreiecke an *Arca Anadara granosa* 41
4.7 Muschelschale *(Cardium elatum)* mit Riss 42
4.8 Wachstumslinien einer Muschelschale *(Cardium elatum)* 43

5.1 Sägeschnitt eines Buchenstammes 45
5.2 Gerade Riss-Stopper 46
5.3 Gestaltung der Wulstenden mit der Methode der Zugdreiecke 47
5.4 Wulstmindestlänge 48
5.5 Riss-Stopper Varianten 49
5.6 Rotationssymmetrische Varianten der Riss-Stopper . . . 50
5.7 Lochplatte mit Riss-Stopp-Wülsten 52
5.8 Spannungsverlauf entlang der Lochinnenkante einer Platte mit und ohne Riss-Stopp-Wülste 53
5.9 Spannungsüberhöhung in Abhängigkeit der Wulstlänge . 54
5.10 Spannungsüberhöhung in Abhängigkeit der Wulstbreite bei gleichbleibender Querschnittsfläche 55
5.11 Spannungsverteilung (σ_1) rotationssymmetrischer Varianten der Riss-Stopper 57
5.12 Schwingversuch an Proben mit verschiedenen optimierten und nicht optimierten Riss-Stopp-Wülsten 60
5.13 Logarithmische Auftragung der Lastspielzahl in Abhängigkeit der errechneten Spannungsüberhöhung 61
5.14 FE-Analyse einseitig angebrachter Riss-Stopp-Wülste . . 63

6.1 Schubviereck am Ende eines Schlitzes 68
6.2 Schubviereck am Ende eines in Zugrichtung verlaufenden Zugdreiecksschlitzes 69
6.3 FE-Analyse eines Zugdreieckschlitzes mit Hauptzugspannung σ_1, Hauptdruckspannung σ_3 und v. Mises–Vergleichsspannung σ_v 72
6.4 Hauptnormalspannung σ_1 eines zugbelasteten Schlitzes *(Mode I)* 73
6.5 Hauptnormalspannung σ_1 eines zugbelasteten Schlitzes mit Abschlussbohrung *(Mode I)* 74
6.6 Hauptnormalspannung σ_1 eines zugbelasteten Zugdreiecksschlitzes *(Mode I)* 75

6.7 Einfluss der Konturbreite b_k auf die Spannungsüberhöhung beim Zugdreiecksschlitz 77

6.8 Einfluss des Radius r_K der Abschlussbohrung auf die Spannungsüberhöhung 78

6.9 Styrodur-Probe nach Zugversuch, noch in der Probenhalterung eingespannt 79

6.10 Übersicht der Versagenslastspielzahlen verschiedener Stahlproben mit unterschiedlichen Rissumlenkungsschlitzen / Abschlussbohrungen im Schwingversuch 82

6.11 Schubviereck am einfachen und am doppelt umgelenkten Zugdreiecksschlitz bei Störzug 84

6.12 FE-Analyse zur Spannungsverteilung σ_1 am einfachen und an umgelenkten Zugdreiecksschlitzen bei Haupt- und Störzug 85

6.13 Zugschwellender Schwingversuch mit Störzug an zusätzlich umgelenkten Zugdreiecksschlitzen 86

6.14 Wiederholte Rissbildung am Ende eines mit Abschlussbohrung versehenen Schlitzes in einer Behälterwand . . 88

6.15 FE-Analyse zur Spannungsverteilung σ_1 eines Zugdreiecksschlitz und einem Langloch bestehend aus zwei Zugdreieckskonturen 89

6.16 Belastungsskizze an einer Stanzmatrize und Rissbildung in den ausgerundeten Ecken 90

6.17 FE-Analyse zur Spannungsverteilung σ_1 des Ist-Zustands und mit circumferentiellen Zugdreiecken optimierter Stanzmatrize 91

A.1 Geometrische Abmessungen am Zugdreiecksschlitz und den zugehörigen Proben / Modellen 97

A.2 Übersicht der verwendeten Kreisloch-Geometrien für die Untersuchung des Größeneinflusses auf die Spannungsreduktion 98

A.3 Übersicht der verwendeten Zugdreiecksschlitz-Geometrien für die Untersuchung des Größeneinflusses auf die Spannungsreduktion 99

A.4 Bruchlastspielzahlen von Proben mit Zugdreieckskontur im Vergleich zu solchen mit herkömmlichen Abschlussbohrungen 100

Literaturverzeichnis

[1] AKESTER, ROBERT J. und ANDRÉ L. MARTEL: *Shell shape, dysodont tooth morphology, and hinge-ligament thickness in the bay mussel Mytilus trossulus correlate with wave exposure.* Canadian Journal of Zoology, 78(2):240–253, 2000.

[2] ASHBY, MICHAEL F.: *Materials selection in mechanical design : das Original [3. ed.] mit Übersetzungshilfen.* Elsevier Spektrum Akademischer Verlag, Heidelberg, Dt. Easy-Reading-Ausg., 1. Auflage, 2007. Text engl., Erl. dt., hrsg. von Alexander Wanner und Claudia Fleck.

[3] AURICH, DIETMAR: *Bruchvorgänge in metallischen Werkstoffen.* Werkstofftechn. Verl.-Ges., 1978.

[4] BIRNBAUM, HEINZ ; DENKMANN, NORBERT: *Taschenbuch der Technischen Mechanik : Statik - Festigkeitslehre - Kinematik - Dynamik.* Deutsch, Frankfurt am Main [u.a.], 1. Auflage, 1997.

[5] BOULDING, ELIZABETH G.: *Crab-resistant features of shells of burrowing bivalves: Decreasing vulnerability by increasing handling time.* Journal of Experimental Marine Biology and Ecology, 76(3):201–223, 1984.

[6] BÜRGEL, RALF: *Festigkeitslehre und Werkstoffmechanik*, Band 2. Vieweg, Wiesbaden, 1. Auflage, 2005.

[7] CURREY, J. D. und A. J. KOHN: *Fracture in the crossed-lamellar structure of Fracture in the crossed-lamellar structure of Conus shells.* Journal of Materials Science, 11:1615 – 1623, 1976.

[8] CZICHOS, HORST (Herausgeber): *Hütte : die Grundlagen der Ingenieurwissenschaften; mit 337 Tabellen.* VDI. Springer, Berlin, 31. neubearb. und erw. Auflage, 2000.

Literaturverzeichnis

[9] DEUTSCHE, NORM: *DIN 50100 Dauerschwingversuch*, 1978.

[10] DEUTSCHE, NORM: *DIN 66025 Programmaufbau für numerisch gesteuerte Arbeitsmaschinen*, 1983.

[11] DUBBEL, HEINRICH [BEGR.] ; BEITZ, WOLFGANG (Herausgeber): *Taschenbuch für den Maschinenbau*. Springer, Berlin, 20., neubearb. u. erw. Auflage, 2001.

[12] GORDON, J.E.: *Structures: Or Why Things Don't Fall Down (Pelican)*. Penguin Books Ltd, 1978.

[13] HARZHEIM, LOTHAR: *Strukturoptimierung : Grundlagen und Anwendungen*. Deutsch, Frankfurt am Main, 1. Auflage, 2008.

[14] KAMAT, SHEKHAR, HANNES KESSLER, ROBERTO BALLARINI, MAISSARATH NASSIROU und ARTHUR H. HEUER: *Fracture mechanisms of the Strombus gigas conch shell: II-micromechanics analyses of multiple cracking and large-scale crack bridging*. Acta Materialia, 52(8):2395 – 2406, 2004.

[15] KAPPEL, ROLAND: *Zugseile in der Natur*. Doktorarbeit, Universität Karlsruhe (TH), Karlsruhe, 2007.

[16] KILIAS, RUDOLF (Herausgeber): *Lexikon Marine Muscheln und Schnecken*. Ulmer, Stuttgart, 1997.

[17] KNOTT, J.F.: *Fundamentals of Fracture Mechanics*. Butterworth and Co Publishers Ltd, 1973.

[18] KUHN-SPEARING, L. T., H. KESSLER, E. CHATEAU, R. BALLARINI und A. H. HEUER: *Fracture mechanisms of the Strombus gigas conch shell: implications for the design of brittle laminates*. Journal of Materials Science, 31:6583 – 6594, 1996.

[19] LANGENBACH, KILIAN: *Untersuchungen zur Biomechanik der Stützknoten von Bambus*. Diplomarbeit, Universität Karlsruhe (TH), 2004.

[20] LEONARD, GEORGE H., MARK D. BERTNESS und PHILIP O. YUND: *Crab predation, waterborne cues, and inducible defenses in the blue mussel, Mytilus edulis*. Ecology - Ecological Society of America, 80(1):1–14, 1999.

[21] LÜTTGE, ULRICH, MANFRED KLUGE und GABRIELA BAUER: *Botanik*. WILEY-VCH, Weinheim, 5., vollst. überarb. Auflage, 2005.

[22] MATTHECK, CLAUS: *Stupsi erklärt den Baum*. Forschungszentrum Karlsruhe, 3., erw. Auflage, 1999.

[23] MATTHECK, CLAUS: *Mechanik am Baum*. Forschungszentrum Karlsruhe, 1. Auflage, 2002.

[24] MATTHECK, CLAUS: *Warum alles kaputt geht*. Forschungszentrum Karlsruhe, 1. Auflage, 2003.

[25] MATTHECK, CLAUS: *Design in der Natur: der Baum als Lehrmeister*. Rombach, Freiburg i. Br., 4., überarb. und erw. Auflage, 2006.

[26] MATTHECK, CLAUS: *Verborgene Gestaltgesetze der Natur*. Forschungszentrum Karlsruhe, 1. Auflage, 2006.

[27] MATTHECK, CLAUS: *Universalformen der Natur*. Labor & More, 1:18 – 20, 2009.

[28] MATTHECK, CLAUS und KLAUS BETHGE: *Ein Denkwerkzeug - Die Methode der Schubvierecke!* Konstruktionspraxis, 3, 2007.

[29] MATTHECK, CLAUS, KLAUS BETHGE, ALEXANDER SAUER, JÖRG SÖRENSEN, CHRISTIAN WISSNER und OLIVER KRAFT: *About cracks, dunce caps and a new way to stop cracks*. Fatigue and Fracture of Engineering Materials and Structures, 32(6):484–492, 2009.

[30] MATTHECK, CLAUS, KLAUS BETHGE, IWIZA TESARI, CHRISTIAN WISSNER, ROLAND KAPPEL und OLIVER KRAFT: *Rissarrest: Aikido an der Rissspitze*. Konstruktionspraxis, 2:14–17, 2008.

[31] MATTHECK, CLAUS, KLAUS BETHGE, CHRISTIAN WISSNER und OLIVER KRAFT: *Sind Risse Zipfelmützen? Die Methoden der Schubvierecke und die der Zugdreiecke*. Konstruktionspraxis, 4, 2008.

[32] MATTHECK, CLAUS und IWIZA TESARI: *Wir haben verglichen – Die Methode der Zugdreiecke im Vergleich mit anderen Kerbformen*. Konstruktionspraxis, 4, 2008.

Literaturverzeichnis

[33] MENIG, R., M. H. MEYERS, MEYERS M. A. und K.S. VECCHIO: *Quasi-static and dynamic mechanical response of Strombus gigas (conch) shells.* Materials Science and Engineering, A297:203–211, 2001.

[34] MUNZ, DIETRICH [HRSG.] (Herausgeber): *Leck-vor-Bruch-Verhalten druckbeaufschlagter Komponenten.* Fortschrittberichte der VDI-Zeitschriften : Reihe 18, Bruchvorgänge und Schadensanalyse ; 14. VDI-Verlag, Düsseldorf, Als Ms. gedr. Auflage, 1984.

[35] PILKEY, WALTER D. und DEBORAH F. PILKEY: *Peterson's Stress Concentration Factors.* Wiley, 3 Auflage, 2008.

[36] SAUER, ALEXANDER: *Untersuchungen zur Vereinfachung biomechanisch inspirierter Strukturoptimierung.* Doktorarbeit, Universität Karlsruhe (TH), Karlsruhe, 2008.

[37] SCHARR, G. und R. FUNCK: *Optimieren des Berstdrucks faserverstärkter Kunstoffbehälter durch Beeinflussung des Eigenspannungszustands.* Meßtechnische Briefe, 30(1):11–14, 1994.

[38] SMITH, L. D. und J. A. JENNINGS: *Induced defensive responses by the bivalve Mytilus edulis to predators with different attack modes.* Marine Biology, 136:461–469, 2000.

[39] SÖRENSEN, JÖRG: *Untersuchungen zur Vereinfachung der Kerbformoptimierung.* Doktorarbeit, Universität Karlsruhe (TH), Karlsruhe, 2008.

[40] TESARI, IWIZA: *Untersuchungen zu lastgesteuerten Festigkeitsverteilungen und Wachstumsspannungen in Bäumen.* Doktorarbeit, Universität Karlsruhe (TH), Karlsruhe, 2000.

[41] THOMAS, KARL-HEINZ: *Taschenbuch der Werkstoffe.* Fachbuchverl. Leipzig im Carl-Hanser-Verl., 6., verb. Auflage, 2003.

[42] VERMEIJ, GEERAT J.: *A natural history of shells.* Princeton Univ. Press, Princeton, NJ, 1993.

[43] WISSNER, CHRISTIAN: *Untersuchungen zur Versteifung natürlicher Flächentragwerke.* Diplomarbeit, IZBS Universität Karlsruhe (TH), 2006.